# 湖南科技统计年鉴

## 2024

HUNAN KEJI TONGJI NIANJIAN 2024

湖南省科学技术厅
湖南省统计局 编

中南大学出版社
www.csupress.com.cn

·长沙·

# 《湖南科技统计年鉴2024》编辑委员会

# 编辑说明

　　《湖南科技统计年鉴2024》收集了湖南省2023年度的科技统计数据，较为全面、系统地反映了科技活动现状，是研究湖南省科技数据规律和发展趋势的工具书。

　　全年鉴共分为六个部分。第一部分为综合统计数据，主要为湖南省有关经济、科技活动的综合统计数据；第二部分为科研机构科技活动统计数据；第三部分为高等学校科技活动统计数据；第四部分为工业企业科技活动统计数据；第五部分为高新技术产业发展情况统计数据；第六部分为科技成果产出统计数据。

　　本年鉴根据最新统计口径，将2019—2023年湖南省地区生产总值及发展速度、R&D经费投入强度、高新技术产业增加值占GDP比重等指标数值，根据第五次全国经济普查后最终核算结果进行修订。表中的符号使用说明："—"表示指标数据不详、无该项统计数据或数据不足最小计量单位。书中部分数据因四舍五入、单位转换、部分子项未完全显示等，存在总计与分项合计不等的情况。

　　本年鉴基础数据来源于《湖南统计年鉴2024》、科学研究和技术服务业事业单位统计调查、地方财政科学技术支出统计调查，以及湖南省统计局、湖南省教育厅、湖南省市场监督管理局、湖南省科学技术厅等相关单位。本年鉴在编辑过程中，得到了有关部门、单位以及广大科技统计工作者的大力支持和协助，在此表示衷心的感谢。

　　由于科技统计涉及面广、统计数据繁杂，在编辑过程中如有疏漏和不妥之处，谨请读者批评指正。

编　者

2025年4月

# 目 录

## 第一部分 综合

## 第二部分 科研机构

# 第三部分　高等学校

## 第四部分　工业企业

## 第五部分　高新技术产业

## 第六部分　科技成果产出

《湖南科技统计年鉴2024》
电子版下载

# 第一部分 综合

## 表1-1 湖南省国民经济主要指标(2019—2023年)

| 指标名称 | 计量单位 | 2019年 | 2020年 | 2021年 | 2022年 | 2023年 |
|---|---|---|---|---|---|---|
| 总面积 | 万平方公里 | 21.18 | 21.18 | 21.18 | 21.18 | 21.18 |
| 耕地面积 | 万公顷 | — | — | 362.11 | 365.42 | 366.66 |
| 地区生产总值(GDP) | 亿元 | 39930.75 | 41693.71 | 45751.85 | 47957.88 | 50667.50 |
| 第一产业 | 亿元 | 3647.20 | 4240.73 | 4322.26 | 4601.22 | 4617.44 |
| 第二产业 | 亿元 | 14974.78 | 15577.34 | 17325.89 | 17519.84 | 18639.23 |
| 第三产业 | 亿元 | 21308.77 | 21875.64 | 24103.70 | 25836.82 | 27410.83 |
| 人均地区生产总值 | 元 | 60159 | 62768 | 68971 | 72521 | 76932 |
| 地区生产总值发展速度 | % | 107.6 | 103.8 | 107.6 | 104.2 | 104.7 |
| 全省户籍人口数 | 万人 | 7319.53 | 7295.58 | 7246.26 | 7211.25 | 7197.75 |
| 年末常住人口数 | 万人 | 6640 | 6645 | 6622 | 6604 | 6568 |
| 年末从业人员人数 | 万人 | 3666.48 | 3280.00 | 3258.00 | 3219.00 | 3238.00 |
| 第一产业 | 万人 | 1409.24 | 836.00 | 801.00 | 785.00 | 773.00 |
| 第二产业 | 万人 | 810.04 | 884.00 | 893.00 | 875.00 | 887.00 |
| 第三产业 | 万人 | 1447.20 | 1560.00 | 1564.00 | 1559.00 | 1578.00 |
| 城镇非私营单位在岗职工人数 | 万人 | 541.95 | 554.24 | 559.35 | 550.45 | 538.54 |
| 城镇非私营单位在岗职工工资总额 | 亿元 | 4137.22 | 4501.49 | 4884.98 | 5180.80 | 5370.98 |
| 城镇非私营单位在岗职工平均工资 | 元 | 77563 | 82356 | 88874 | 94590 | 99480 |
| 城镇居民人均可支配收入 | 元 | 39841.9 | 41697.5 | 44866.1 | 47301.2 | 49242.8 |
| 农村居民人均可支配收入 | 元 | 15394.8 | 16584.6 | 18295.2 | 19546.3 | 20921.0 |
| 城镇居民人均消费支出 | 元 | 26924.0 | 26796.4 | 28293.8 | 29580.1 | 31035.5 |
| 农村居民人均消费支出 | 元 | 13968.8 | 14974.0 | 16950.7 | 18077.7 | 19210.2 |
| 进出口总额 | 亿美元 | 628.82 | 706.78 | 927.15 | 1054.34 | 880.05 |
| 出口 | 亿美元 | 445.35 | 478.25 | 652.36 | 769.92 | 572.19 |
| 进口 | 亿美元 | 183.47 | 228.54 | 274.79 | 284.41 | 307.86 |
| 实际使用外资金额 | 亿美元 | 181.01 | 209.98 | 24.15 | 35.28 | 14.36 |
| 单位GDP能耗上升或下降 | % | -4.29 | -1.98 | -3.50 | -3.60 | -4.50 |
| 单位GDP电耗上升或下降 | % | -0.68 | -0.28 | 3.70 | -0.70 | -2.70 |
| 一般公共预算收入 | 亿元 | 3007.15 | 3008.66 | 3250.69 | 3101.76 | 3360.51 |
| 一般公共预算支出 | 亿元 | 8034.42 | 8403.13 | 8325.50 | 8991.61 | 9581.12 |
| 地方财政科技支出 | 亿元 | 171.92 | 220.66 | 217.30 | 279.65 | 314.12 |
| 地方财政科技支出占地方财政支出比重 | % | 2.14 | 2.63 | 2.61 | 3.11 | 3.28 |

注:(1)实际使用外资金额2021年前包括直接投资和间接投资,2021年起不包括外商投资企业在湘设立内资企业的投资数据。(2)2022年单位GDP能耗上升或下降、单位GDP电耗上升或下降根据当年能源消费增速、电耗增速与按2022年可比价计算的GDP增速相比较取得。2016—2020年单位GDP能耗上升或下降、单位GDP电耗上升或下降根据当年能源消费增速、电耗增速与按2015年可比价计算的GDP增速相比较取得。(3)地区生产总值及发展速度等指标数值根据第五次全国经济普查后最终核算结果进行修订。

## 表 1-2 全省科技概况（2019—2023 年）

| 指标名称 | 计量单位 | 2019 年 | 2020 年 | 2021 年 | 2022 年 | 2023 年 |
|---|---|---|---|---|---|---|
| 规模以上工业增加值增速 | % | 8.3 | 4.8 | 8.4 | 7.2 | 5.1 |
| 规模以上工业企业营业收入 | 亿元 | 37919.60 | 38914.75 | 43408.68 | 39760.49 | 39813.98 |
| 规模以上工业企业利润总额 | 亿元 | 2227.27 | 2559.92 | 2618.32 | 2282.93 | 2377.61 |
| 规模以上工业企业单位数 | 个 | 16562 | 18239 | 19301 | 19885 | 21491 |
| 　大型企业 | 个 | 172 | 164 | 185 | 169 | 200 |
| 　中型企业 | 个 | 1649 | 1564 | 1497 | 1390 | 1256 |
| 　小型企业 | 个 | 13726 | 14660 | 14863 | 15602 | 16119 |
| 　微型企业 | 个 | 1015 | 1851 | 2756 | 2724 | 3916 |
| 各类专业技术人员数 | 万人 | 100.60 | 103.43 | 104.50 | 111.09 | 113.06 |
| 　自然科学 | 万人 | 87.91 | 90.25 | 92.50 | 96.92 | 97.88 |
| 　社会及人文科学 | 万人 | 12.69 | 13.17 | 12.00 | 14.18 | 15.17 |
| 研究与试验发展（R&D）人员 | 万人 | 24.91 | 26.99 | 32.60 | 37.19 | 42.10 |
| R&D 人员折合全时当量 | 万人年 | 15.73 | 17.76 | 20.93 | 25.02 | 29.36 |
| 　研究人员 | 万人年 | 7.41 | 8.03 | 9.38 | 10.52 | 11.98 |
| 有 R&D 活动的单位数 | 个 | 7974 | 9073 | 11261 | 11854 | 10935 |
| **R&D 经费内部支出** | 亿元 | 787.16 | 898.70 | 1028.91 | 1175.25 | 1283.94 |
| **　按经费来源分** | | | | | | |
| 　　政府资金 | 亿元 | 88.59 | 118.58 | 131.46 | 154.93 | 174.13 |
| 　　企业资金 | 亿元 | 681.28 | 769.50 | 884.22 | 1002.12 | 1086.25 |
| 　　境外资金 | 亿元 | 0.25 | 0.13 | 0.06 | 0.10 | 0.24 |
| 　　其他资金 | 亿元 | 17.05 | 10.49 | 13.17 | 18.10 | 23.33 |
| **　按执行部门分** | | | | | | |
| 　　科研机构 | 亿元 | 39.02 | 42.56 | 37.43 | 42.15 | 51.52 |
| 　　高等学校 | 亿元 | 66.92 | 81.74 | 96.15 | 129.04 | 156.31 |
| 　　企业 | 亿元 | 673.20 | 764.27 | 878.25 | 984.72 | 1051.82 |
| 　　事业单位 | 亿元 | 8.03 | 10.13 | 17.08 | 19.34 | 24.28 |
| **　按活动类型分** | | | | | | |
| 　　基础研究 | 亿元 | 31.51 | 34.48 | 51.64 | 77.23 | 88.24 |
| 　　应用研究 | 亿元 | 86.97 | 111.14 | 113.43 | 127.09 | 129.00 |
| 　　试验发展 | 亿元 | 668.68 | 753.08 | 863.84 | 970.93 | 1066.70 |
| R&D 经费投入强度 | % | 1.97 | 2.16 | 2.25 | 2.45 | 2.53 |
| 基础研究占比 | % | 4.00 | 3.84 | 5.02 | 6.57 | 6.87 |
| 高新技术企业数 | 个 | 6287 | 8631 | 11063 | 14022 | 16495 |

注：（1）本表中规模以上工业企业数据来源于工业统计调查数据。（2）全省 R&D 经费投入强度、高新技术产业增加值占 GDP 比重等指标数值根据第五次全国经济普查后最终核算结果进行修订。

续表 1-2

| 指标名称 | 计量单位 | 2019 年 | 2020 年 | 2021 年 | 2022 年 | 2023 年 |
|---|---|---|---|---|---|---|
| 高新技术产业增加值 | 亿元 | 9472.89 | 9800.31 | 10994.55 | 11897.34 | 11414.45 |
| 高新技术产业增加值同比增速 | % | 14.30 | 10.10 | 19.00 | 12.70 | 8.86 |
| 高新技术产业增加值占 GDP 比重 | % | 23.72 | 23.51 | 24.03 | 24.81 | 22.53 |
| 获国家级科技奖励 | 项 | 31 | 15 | — | — | 19 |
| 　国家科技进步奖 | 项 | 23 | 13 | — | — | 13 |
| 　国家技术发明奖 | 项 | 5 | 1 | — | — | 4 |
| 　国家自然科学奖 | 项 | 3 | 1 | — | — | 2 |
| 省级科技奖励 | 项 | 280 | 258 | 286 | — | 300 |
| 　省自然科学奖 | 项 | 74 | 83 | 95 | — | 98 |
| 　省技术发明奖 | 项 | 26 | 23 | 25 | — | 22 |
| 　省科技进步奖 | 项 | 180 | 152 | 166 | — | 180 |
| 科技成果登记项目数 | 项 | 814 | 532 | 929 | 1086 | 911 |
| 　国际首创或领先 | 项 | 11 | 11 | 13 | 10 | 32 |
| 　国际先进 | 项 | 35 | 30 | 34 | 34 | 56 |
| 　国内首创或领先 | 项 | 76 | 43 | 133 | 100 | 56 |
| 　国内先进 | 项 | 33 | 11 | 152 | 74 | 23 |
| 专利批准数 | 项 | 54685 | 78723 | 98936 | 92916 | 74940 |
| 　发明 | 项 | 8479 | 11537 | 16564 | 20423 | 20133 |
| 　实用新型 | 项 | 32699 | 49052 | 62871 | 54686 | 39760 |
| 　外观设计 | 项 | 13507 | 18134 | 19501 | 17807 | 15047 |
| 技术合同签订项数 | 项 | 9023 | 11741 | 17721 | 45780 | 55295 |
| 技术合同签订金额 | 亿元 | 490.69 | 735.95 | 1261.26 | 2544.64 | 3995.29 |
| 重点实验室 | 个 | 324 | 357 | 364 | 356 | 412 |
| 　国家级 | 个 | 18 | 19 | 19 | 19 | 25 |
| 　省级 | 个 | 306 | 338 | 345 | 337 | 387 |
| 工程技术研究中心 | 个 | 443 | 469 | 472 | 537 | 825 |
| 　国家级 | 个 | 14 | 14 | 14 | 14 | 14 |
| 　省级 | 个 | 429 | 455 | 458 | 523 | 811 |
| 众创空间 | 个 | 186 | 240 | 277 | 324 | 340 |
| 　国家级 | 个 | 48 | 63 | 57 | 68 | 67 |
| 　省级 | 个 | 138 | 177 | 220 | 256 | 273 |
| 科技企业孵化器 | 个 | 79 | 97 | 96 | 114 | 133 |
| 　国家级 | 个 | 24 | 26 | 25 | 31 | 44 |
| 　省级 | 个 | 55 | 71 | 71 | 83 | 89 |

## 表 1-3 各类专业技术人员（2019—2023 年）

计量单位：人

| 项目 | 2019 年 | | 2020 年 | | | 2021 年 | | | 2022 年 | | | 2023 年 | | |
|---|---|---|---|---|---|---|---|---|---|---|---|---|---|---|
| | 合计 | 企业 | 事业 | 合计 | 企业 | 事业 | 合计 | 企业 | 事业 | 合计 | 企业 | 事业 | 合计 | 企业 | 事业 |
| **总计** | 1005952 | 103212 | 902740 | 1034286 | 106212 | 928074 | 1045028 | 100250 | 944778 | 1110945 | 143523 | 967422 | 1130560 | 154295 | 976265 |
| 高级职称 | 151827 | 5503 | 146324 | 161693 | 5503 | 156190 | 177598 | 5819 | 171779 | 192122 | 11695 | 180427 | 195076 | 13244 | 181832 |
| 中级职称 | 431070 | 30407 | 400663 | 437059 | 30407 | 406652 | 435819 | 27923 | 407896 | 459063 | 40562 | 418501 | 465373 | 44385 | 420988 |
| 女性 | 517659 | 37659 | 480000 | 543245 | 37659 | 505586 | 565534 | 35181 | 530353 | 612716 | 53218 | 559498 | 635063 | 56017 | 579046 |
| 自然科学 | 879077 | 44973 | 834104 | 902537 | 44973 | 857564 | 925014 | 49053 | 875961 | 969182 | 75933 | 893249 | 978836 | 84992 | 893844 |
| 社会及人文科学 | 126875 | 58239 | 68636 | 131749 | 61239 | 70510 | 120014 | 51197 | 68817 | 141763 | 67590 | 74173 | 151724 | 69303 | 82421 |

注：此表未包括国家机关与人民团体中的专业技术人员。2008 年起，本表数据不含中央在湘单位，国有单位改为公有经济企业，集体单位改为事业单位（表 1-4 同）。事业单位自然科学和社会及人文科学只统计正式在册人员。

表 1-4 地方财政科技支出按地区分组(2019—2023 年)

计量单位：亿元

| 地区 | 2019 年 | 2020 年 | 2021 年 | 2022 年 | 2023 年 |
|---|---|---|---|---|---|
| 全省 | 171.92 | 220.66 | 217.30 | 279.65 | 314.12 |
| 按地区分组 | | | | | |
| 长沙市 | 49.25 | 55.45 | 68.79 | 79.53 | 84.17 |
| 株洲市 | 25.87 | 36.40 | 29.14 | 40.59 | 42.73 |
| 湘潭市 | 12.99 | 17.33 | 13.25 | 16.14 | 17.06 |
| 衡阳市 | 5.21 | 11.55 | 11.70 | 15.85 | 21.22 |
| 邵阳市 | 4.78 | 7.07 | 5.66 | 7.56 | 14.70 |
| 岳阳市 | 11.62 | 13.96 | 15.91 | 18.14 | 18.62 |
| 常德市 | 9.83 | 10.41 | 9.66 | 13.63 | 13.52 |
| 张家界市 | 0.94 | 1.89 | 1.66 | 2.36 | 3.20 |
| 益阳市 | 4.83 | 6.37 | 6.77 | 11.52 | 12.32 |
| 郴州市 | 9.10 | 12.37 | 12.07 | 15.19 | 27.26 |
| 永州市 | 7.45 | 10.28 | 12.15 | 17.70 | 14.71 |
| 怀化市 | 8.55 | 12.84 | 9.40 | 9.04 | 9.88 |
| 娄底市 | 3.69 | 5.20 | 4.12 | 5.13 | 4.89 |
| 湘西州 | 2.23 | 3.23 | 3.77 | 3.65 | 2.54 |

表 1-5 地方财政科技支出占地方财政支出比重按地区分组(2019—2023 年)

计量单位：%

| 地区 | 2019 年 | 2020 年 | 2021 年 | 2022 年 | 2023 年 |
|---|---|---|---|---|---|
| 全省 | 2.14 | 2.63 | 2.61 | 3.11 | 3.28 |
| 按地区分组 | | | | | |
| 长沙市 | 3.45 | 3.69 | 4.46 | 5.08 | 5.17 |
| 株洲市 | 4.94 | 7.75 | 5.98 | 7.51 | 7.21 |
| 湘潭市 | 4.10 | 5.91 | 4.84 | 5.97 | 5.97 |
| 衡阳市 | 0.87 | 2.00 | 2.07 | 2.56 | 3.20 |
| 邵阳市 | 0.82 | 1.20 | 0.97 | 1.19 | 2.10 |
| 岳阳市 | 2.18 | 2.57 | 2.97 | 3.18 | 2.94 |
| 常德市 | 1.62 | 1.70 | 1.62 | 2.14 | 2.11 |
| 张家界市 | 0.50 | 0.95 | 0.91 | 1.11 | 1.44 |
| 益阳市 | 1.26 | 1.65 | 1.90 | 2.87 | 2.95 |
| 郴州市 | 2.07 | 2.66 | 2.54 | 2.90 | 4.86 |
| 永州市 | 1.50 | 2.05 | 2.46 | 3.49 | 2.56 |
| 怀化市 | 1.82 | 2.67 | 2.00 | 1.78 | 1.76 |
| 娄底市 | 1.15 | 1.58 | 1.22 | 1.43 | 1.36 |
| 湘西州 | 0.63 | 0.90 | 1.15 | 1.03 | 0.68 |

## 表 1-6 全省 R&D 活动基本情况 ( 2023 年 )

| 指标名称 | 计量单位 | 总计 | 科研机构 | 高等学校 | 工业企业 | 非工业企业 | 事业单位 |
|---|---|---|---|---|---|---|---|
| 有 R&D 活动的单位数 | 个 | 10935 | 87 | 236 | 9649 | 786 | 177 |
| R&D 人员 | 人 | 420965 | 8713 | 76767 | 283412 | 44440 | 7633 |
| 女性 | 人 | 106997 | 2865 | 30817 | 62120 | 8706 | 2489 |
| 全时人员 | 人 | 277049 | 7376 | 30309 | 206063 | 28662 | 4639 |
| R&D 人员折合全时当量 | 人年 | 293642 | 7779 | 35015 | 209066 | 35781 | 6001 |
| 基础研究人员 | 人年 | 19250 | 1507 | 16703 | 209 | 488 | 343 |
| 应用研究人员 | 人年 | 26886 | 2141 | 15972 | 5635 | 1773 | 1365 |
| 试验发展人员 | 人年 | 247509 | 4131 | 2340 | 203222 | 33520 | 4295 |
| R&D 经费内部支出 | 万元 | 12839424 | 515244 | 1563138 | 9474938 | 1043257 | 242847 |
| 政府资金 | 万元 | 1741259 | 439807 | 935128 | 197179 | 18069 | 151077 |
| 按支出用途分 | | | | | | | |
| 日常性支出 | 万元 | 11771796 | 455854 | 1170441 | 8949002 | 1020406 | 176093 |
| 人员劳务费 | 万元 | 3715643 | 149267 | 596024 | 2398828 | 459802 | 111722 |
| 资产性支出 | 万元 | 1067627 | 59390 | 392697 | 525936 | 22851 | 66754 |
| 按活动类型分 | | | | | | | |
| 基础研究支出 | 万元 | 882411 | 57919 | 697858 | 69063 | 12040 | 45531 |
| 应用研究支出 | 万元 | 1289979 | 190557 | 752448 | 226334 | 49544 | 71097 |
| 试验发展支出 | 万元 | 10667033 | 266768 | 112831 | 9179541 | 981673 | 126219 |
| R&D 经费外部支出 | 万元 | 772920 | 203367 | 69239 | 467870 | 25359 | 7085 |

## 表 1-7　R&D 人员情况（2023 年）

| 项目 | 有 R&D 活动的单位数（个） | R&D 人员（人） | 女性 | 全时人员 | 非全时人员 |
|---|---|---|---|---|---|
| **总计** | 10935 | 420965 | 106997 | 277049 | 143916 |
| **按执行部门分组** | | | | | |
| 科研机构 | 87 | 8713 | 2865 | 7376 | 1337 |
| 高等学校 | 236 | 76767 | 30817 | 30309 | 46458 |
| 企业 | 10435 | 327852 | 70826 | 234725 | 93127 |
| 工业企业 | 9649 | 283412 | 62120 | 206063 | 77349 |
| 非工业企业 | 786 | 44440 | 8706 | 28662 | 15778 |
| 事业单位 | 177 | 7633 | 2489 | 4639 | 2994 |
| **按国民经济行业分组** | | | | | |
| 农、林、牧、渔业 | 19 | 119 | 9 | 67 | 52 |
| 采矿业 | 231 | 5837 | 891 | 3802 | 2035 |
| 制造业 | 9139 | 270135 | 59754 | 198986 | 71149 |
| 电力、燃气及水的生产和供应业 | 279 | 7440 | 1475 | 3275 | 4165 |
| 建筑业 | 144 | 17192 | 1906 | 9918 | 7274 |
| 批发和零售业 | 3 | 31 | 6 | 23 | 8 |
| 交通运输、仓储和邮政业 | 87 | 2812 | 589 | 1289 | 1523 |
| 信息传输、计算机服务和软件业 | 161 | 10044 | 2215 | 7616 | 2428 |
| 金融业 | 3 | 243 | 37 | 190 | 53 |
| 租赁和商务服务业 | 59 | 1015 | 299 | 675 | 340 |
| 科学研究、技术服务和地质勘查业 | 428 | 24443 | 6939 | 18323 | 6120 |
| 水利、环境和公共设施管理业 | 39 | 838 | 212 | 585 | 253 |
| 教育 | 210 | 68854 | 27257 | 23857 | 44997 |
| 卫生、社会保障和社会福利业 | 90 | 10632 | 4991 | 7472 | 3160 |
| 文化、体育和娱乐业 | 43 | 1330 | 417 | 971 | 359 |
| **按地区分组** | | | | | |
| 长沙市 | 2154 | 164838 | 43184 | 108784 | 56054 |
| 株洲市 | 649 | 36320 | 7757 | 26323 | 9997 |
| 湘潭市 | 658 | 32192 | 9270 | 19802 | 12390 |
| 衡阳市 | 738 | 27974 | 7307 | 18334 | 9640 |
| 邵阳市 | 1217 | 24350 | 5992 | 16512 | 7838 |
| 岳阳市 | 1144 | 25480 | 5685 | 16592 | 8888 |
| 常德市 | 1030 | 25288 | 6785 | 15623 | 9665 |
| 张家界市 | 63 | 1383 | 466 | 821 | 562 |
| 益阳市 | 629 | 15704 | 4272 | 10275 | 5429 |
| 郴州市 | 802 | 20024 | 4825 | 13395 | 6629 |
| 永州市 | 753 | 16392 | 4194 | 11458 | 4934 |
| 怀化市 | 582 | 14473 | 3285 | 8668 | 5805 |
| 娄底市 | 390 | 12691 | 2726 | 8316 | 4375 |
| 湘西州 | 126 | 3857 | 1249 | 2147 | 1710 |

## 表 1-8 R&D 人员折合全时当量情况（2023 年）

计量单位：人年

| 项目 | R&D 人员折合全时当量 | 基础研究人员 | 应用研究人员 | 试验发展人员 |
|---|---|---|---|---|
| 总计 | 293642 | 19250 | 26886 | 247509 |
| **按执行部门分组** | | | | |
| 科研机构 | 7779 | 1507 | 2141 | 4131 |
| 高等学校 | 35015 | 16703 | 15972 | 2340 |
| 企业 | 244847 | 697 | 7408 | 236742 |
| 工业企业 | 209066 | 209 | 5635 | 203222 |
| 非工业企业 | 35781 | 488 | 1773 | 33520 |
| 事业单位 | 6001 | 343 | 1365 | 4295 |
| **按国民经济行业分组** | | | | |
| 农、林、牧、渔业 | 79 | — | — | 79 |
| 采矿业 | 4171 | — | 133 | 4038 |
| 制造业 | 199490 | 203 | 5168 | 194119 |
| 电力、燃气及水的生产和供应业 | 5404 | 6 | 333 | 5065 |
| 建筑业 | 14306 | 9 | 410 | 13887 |
| 批发零售业 | 18 | — | — | 18 |
| 交通运输、仓储和邮政业 | 2061 | — | 3 | 2059 |
| 信息传输、计算机服务和软件业 | 8909 | 296 | 33 | 8581 |
| 金融业 | 100 | — | — | 100 |
| 租赁和商务服务业 | 755 | — | 19 | 736 |
| 科学研究、技术服务和地质勘查业 | 19908 | 1987 | 4330 | 13592 |
| 水利、环境和公共设施管理业 | 596 | 19 | — | 577 |
| 教育 | 29543 | 14733 | 13429 | 1381 |
| 卫生、社会保障和社会福利业 | 7216 | 1998 | 2997 | 2224 |
| 文化、体育和娱乐业 | 1084 | — | 31 | 1053 |
| **按地区分组** | | | | |
| 长沙市 | 115957 | 11897 | 14847 | 89214 |
| 株洲市 | 26488 | 643 | 2133 | 23712 |
| 湘潭市 | 22352 | 2658 | 2133 | 17562 |
| 衡阳市 | 19526 | 1573 | 1905 | 16048 |
| 邵阳市 | 15684 | 143 | 544 | 14997 |
| 岳阳市 | 17452 | 250 | 846 | 16356 |
| 常德市 | 17099 | 491 | 980 | 15629 |
| 张家界市 | 1057 | 21 | 53 | 983 |
| 益阳市 | 11123 | 170 | 495 | 10457 |
| 郴州市 | 15330 | 260 | 685 | 14386 |
| 永州市 | 10473 | 320 | 421 | 9733 |
| 怀化市 | 10667 | 321 | 1235 | 9112 |
| 娄底市 | 8118 | 269 | 397 | 7453 |
| 湘西州 | 2317 | 236 | 212 | 1867 |

## 表 1-9　按经费来源分 R&D 经费内部支出情况（2023 年）

计量单位：万元

| 项目 | R&D 经费内部支出 | 政府资金 | 企业资金 | 境外资金 | 其他资金 |
|---|---|---|---|---|---|
| **总计** | 12839424 | 1741259 | 10862504 | 2386 | 233275 |
| **按执行部门分组** | | | | | |
| 科研机构 | 515244 | 439807 | 13478 | 244 | 61715 |
| 高等学校 | 1563138 | 935128 | 510296 | 571 | 117143 |
| 企业 | 10518195 | 215248 | 10298940 | 1515 | 2493 |
| 　工业企业 | 9474938 | 197179 | 9273949 | 1515 | 2295 |
| 　非工业企业 | 1043257 | 18069 | 1024991 | — | 197 |
| 事业单位 | 242847 | 151077 | 39791 | 55 | 51924 |
| **按国民经济行业分组** | | | | | |
| 农、林、牧、渔业 | 1835 | 298 | 1527 | — | 10 |
| 采矿业 | 155582 | 408 | 155174 | — | — |
| 制造业 | 9116715 | 196062 | 8917663 | 843 | 2147 |
| 电力、燃气及水的生产和供应业 | 202641 | 710 | 201111 | 673 | 148 |
| 建筑业 | 384573 | 1148 | 383426 | — | — |
| 批发零售业 | 1386 | 70 | 1226 | — | 90 |
| 交通运输、仓储和邮政业 | 60607 | 111 | 60497 | — | — |
| 信息传输、计算机服务和软件业 | 308829 | 1420 | 307410 | — | — |
| 金融业 | 2506 | — | 2506 | — | — |
| 租赁和商务服务业 | 29645 | 982 | 28566 | — | 97 |
| 科学研究、技术服务和地质勘查业 | 843171 | 551353 | 182089 | 244 | 109485 |
| 水利、环境和公共设施管理业 | 21521 | 1421 | 20100 | — | — |
| 教育 | 1298962 | 777392 | 416881 | 399 | 104289 |
| 卫生、社会保障和社会福利业 | 372789 | 209230 | 146324 | 227 | 17008 |
| 文化、体育和娱乐业 | 38660 | 657 | 38004 | — | — |
| **按地区分组** | | | | | |
| 长沙市 | 4727529 | 1066636 | 3510977 | 2347 | 147569 |
| 株洲市 | 1154857 | 230971 | 912055 | 2 | 11829 |
| 湘潭市 | 853350 | 123015 | 709283 | 9 | 21043 |
| 衡阳市 | 920416 | 130271 | 773279 | 4 | 16861 |
| 邵阳市 | 615230 | 9822 | 605040 | 1 | 367 |
| 岳阳市 | 1062678 | 24451 | 1032301 | 11 | 5915 |
| 常德市 | 802152 | 31051 | 758344 | 3 | 12755 |
| 张家界市 | 18305 | 1449 | 16416 | — | 439 |
| 益阳市 | 530968 | 14136 | 516373 | 1 | 458 |
| 郴州市 | 740840 | 30567 | 709820 | 2 | 451 |
| 永州市 | 434929 | 14159 | 410770 | 2 | 9998 |
| 怀化市 | 467273 | 45353 | 418115 | 2 | 3803 |
| 娄底市 | 440928 | 5657 | 434558 | 1 | 712 |
| 湘西州 | 69969 | 13720 | 55173 | 1 | 1074 |

## 表 1-10  按支出用途分 R&D 经费内部支出情况 ( 2023 年 )

计量单位：万元

| 项目 | R&D 经费内部支出 | 日常性支出 | 人员劳务费 | 资产性支出 |
|---|---|---|---|---|
| **总计** | 12839424 | 11771796 | 3715643 | 1067627 |
| **按执行部门分组** | | | | |
| 科研机构 | 515244 | 455854 | 149267 | 59390 |
| 高等学校 | 1563138 | 1170441 | 596024 | 392697 |
| 企业 | 10518195 | 9969408 | 2858630 | 548787 |
| 工业企业 | 9474938 | 8949002 | 2398828 | 525936 |
| 非工业企业 | 1043257 | 1020406 | 459802 | 22851 |
| 事业单位 | 242847 | 176093 | 111722 | 66754 |
| **按国民经济行业分组** | | | | |
| 农、林、牧、渔业 | 1835 | 1443 | 343 | 392 |
| 采矿业 | 155582 | 151260 | 30083 | 4322 |
| 制造业 | 9116715 | 8602348 | 2323664 | 514367 |
| 电力、燃气及水的生产和供应业 | 202641 | 195394 | 45081 | 7247 |
| 建筑业 | 384573 | 383262 | 97293 | 1311 |
| 批发零售业 | 1386 | 1386 | 235 | — |
| 交通运输、仓储和邮政业 | 60607 | 59279 | 23778 | 1329 |
| 信息传输、计算机服务和软件业 | 308829 | 297184 | 190026 | 11645 |
| 金融业 | 2506 | 1232 | 1107 | 1275 |
| 租赁和商务服务业 | 29645 | 29176 | 5643 | 469 |
| 科学研究、技术服务和地质勘查业 | 843171 | 738062 | 331227 | 105109 |
| 水利、环境和公共设施管理业 | 21521 | 21187 | 4317 | 335 |
| 教育 | 1298962 | 984294 | 484853 | 314667 |
| 卫生、社会保障和社会福利业 | 372789 | 267779 | 158880 | 105010 |
| 文化、体育和娱乐业 | 38660 | 38509 | 19113 | 152 |
| **按地区分组** | | | | |
| 长沙市 | 4727529 | 4230414 | 1918226 | 497115 |
| 株洲市 | 1154857 | 1026969 | 397101 | 127889 |
| 湘潭市 | 853350 | 762816 | 230857 | 90535 |
| 衡阳市 | 920416 | 842809 | 210012 | 77607 |
| 邵阳市 | 615230 | 601768 | 144112 | 13462 |
| 岳阳市 | 1062678 | 1011775 | 169586 | 50904 |
| 常德市 | 802152 | 744262 | 153781 | 57889 |
| 张家界市 | 18305 | 16961 | 4210 | 1344 |
| 益阳市 | 530968 | 506952 | 93185 | 24016 |
| 郴州市 | 740840 | 709108 | 123865 | 31732 |
| 永州市 | 434929 | 419471 | 85668 | 15457 |
| 怀化市 | 467273 | 444310 | 92602 | 22963 |
| 娄底市 | 440928 | 393996 | 75468 | 46932 |
| 湘西州 | 69969 | 60186 | 16970 | 9783 |

## 表 1-11 按活动类型分 R&D 经费内部支出情况（2023 年）

计量单位：万元

| 项目 | R&D 经费内部支出 | 基础研究 | 应用研究 | 试验发展 |
|---|---|---|---|---|
| **总计** | 12839424 | 882411 | 1289979 | 10667033 |
| **按执行部门分组** | | | | |
| 科研机构 | 515244 | 57919 | 190557 | 266768 |
| 高等学校 | 1563138 | 697858 | 752448 | 112831 |
| 企业 | 10518195 | 81104 | 275877 | 10161215 |
| 工业企业 | 9474938 | 69063 | 226334 | 9179541 |
| 非工业企业 | 1043257 | 12040 | 49544 | 981673 |
| 事业单位 | 242847 | 45531 | 71097 | 126219 |
| **按国民经济行业分组** | | | | |
| 农、林、牧、渔业 | 1835 | — | — | 1835 |
| 采矿业 | 155582 | — | 5043 | 150539 |
| 制造业 | 9116715 | 68843 | 216473 | 8831399 |
| 电力、燃气及水的生产和供应业 | 202641 | 220 | 4818 | 197603 |
| 建筑业 | 384573 | 280 | 16465 | 367829 |
| 批发零售业 | 1386 | — | — | 1386 |
| 交通运输、仓储和邮政业 | 60607 | — | 81 | 60526 |
| 信息传输、计算机服务和软件业 | 308829 | 5376 | 1271 | 302182 |
| 金融业 | 2506 | — | — | 2506 |
| 租赁和商务服务业 | 29645 | — | 1181 | 28464 |
| 科学研究、技术服务和地质勘查业 | 843171 | 72239 | 251821 | 519111 |
| 水利、环境和公共设施管理业 | 21521 | 393 | — | 21128 |
| 教育 | 1298962 | 583097 | 637250 | 78615 |
| 卫生、社会保障和社会福利业 | 372789 | 151962 | 155086 | 65741 |
| 文化、体育和娱乐业 | 38660 | — | 492 | 38168 |
| **按地区分组** | | | | |
| 长沙市 | 4727529 | 548171 | 750768 | 3428590 |
| 株洲市 | 1154857 | 49015 | 118232 | 987610 |
| 湘潭市 | 853350 | 89710 | 72457 | 691183 |
| 衡阳市 | 920416 | 106222 | 97226 | 716967 |
| 邵阳市 | 615230 | 4184 | 12564 | 598482 |
| 岳阳市 | 1062678 | 23961 | 46389 | 992329 |
| 常德市 | 802152 | 14219 | 35747 | 752186 |
| 张家界市 | 18305 | 382 | 972 | 16951 |
| 益阳市 | 530968 | 6017 | 30778 | 494173 |
| 郴州市 | 740840 | 4613 | 33003 | 703225 |
| 永州市 | 434929 | 7008 | 15414 | 412506 |
| 怀化市 | 467273 | 11316 | 56726 | 399231 |
| 娄底市 | 440928 | 9173 | 13138 | 418617 |
| 湘西州 | 69969 | 8420 | 6567 | 54982 |

## 表 1-12　R&D 经费内部支出按地区分组（2019—2023 年）

计量单位：亿元

| 地区 | 2019 年 | 2020 年 | 2021 年 | 2022 年 | 2023 年 |
|---|---|---|---|---|---|
| 全省 | 787.16 | 898.70 | 1028.91 | 1175.25 | 1283.94 |
| 按地区分组 | | | | | |
| 长沙市 | 316.18 | 357.52 | 367.09 | 444.43 | 472.75 |
| 株洲市 | 87.44 | 101.54 | 103.14 | 118.35 | 115.49 |
| 湘潭市 | 50.85 | 59.17 | 74.65 | 71.76 | 85.34 |
| 衡阳市 | 46.16 | 63.43 | 73.97 | 81.59 | 92.04 |
| 邵阳市 | 20.95 | 28.03 | 47.90 | 55.04 | 61.52 |
| 岳阳市 | 59.18 | 62.63 | 98.06 | 105.76 | 106.27 |
| 常德市 | 49.16 | 56.46 | 56.54 | 69.11 | 80.22 |
| 张家界市 | 2.93 | 3.94 | 2.16 | 2.94 | 1.83 |
| 益阳市 | 33.66 | 34.94 | 36.89 | 38.22 | 53.10 |
| 郴州市 | 27.58 | 30.41 | 59.90 | 68.16 | 74.08 |
| 永州市 | 31.40 | 34.28 | 42.36 | 38.05 | 43.49 |
| 怀化市 | 28.23 | 31.12 | 24.37 | 34.67 | 46.73 |
| 娄底市 | 29.00 | 30.15 | 35.05 | 41.84 | 44.09 |
| 湘西州 | 4.43 | 5.08 | 6.82 | 5.33 | 7.00 |

## 表 1-13　R&D 经费投入强度按地区分组（2019—2023 年）

计量单位：%

| 地区 | 2019 年 | 2020 年 | 2021 年 | 2022 年 | 2023 年 |
|---|---|---|---|---|---|
| 全省 | 1.97 | 2.16 | 2.25 | 2.45 | 2.53 |
| 按地区分组 | | | | | |
| 长沙市 | 2.73 | 2.94 | 2.77 | 3.27 | 3.26 |
| 株洲市 | 2.91 | 3.27 | 3.02 | 3.40 | 3.13 |
| 湘潭市 | 2.25 | 2.53 | 2.93 | 2.75 | 3.06 |
| 衡阳市 | 1.37 | 1.81 | 1.93 | 2.06 | 2.17 |
| 邵阳市 | 0.97 | 1.25 | 1.95 | 2.12 | 2.21 |
| 岳阳市 | 1.57 | 1.57 | 2.23 | 2.30 | 2.16 |
| 常德市 | 1.36 | 1.51 | 1.39 | 1.63 | 1.82 |
| 张家界市 | 0.53 | 0.71 | 0.37 | 0.50 | 0.29 |
| 益阳市 | 1.88 | 1.89 | 1.83 | 1.85 | 2.45 |
| 郴州市 | 1.14 | 1.21 | 2.16 | 2.32 | 2.36 |
| 永州市 | 1.56 | 1.63 | 1.87 | 1.60 | 1.71 |
| 怀化市 | 1.75 | 1.86 | 1.34 | 1.89 | 2.36 |
| 娄底市 | 1.77 | 1.79 | 1.92 | 2.22 | 2.18 |
| 湘西州 | 0.63 | 0.70 | 0.86 | 0.66 | 0.82 |

注：全省 R&D 经费投入强度指标数据根据第五次全国经济普查后最终核算结果进行修订。

### 表 1-14　高新技术产业情况（2019—2023 年）

| 指标名称 | 计量单位 | 2019 年 | 2020 年 | 2021 年 | 2022 年 | 2023 年 |
|---|---|---|---|---|---|---|
| 高新技术企业数 | 个 | 6287 | 8631 | 11063 | 14022 | 16495 |
| 高新技术产业总产值 | 亿元 | 32089.87 | 34503.34 | 38994.09 | 44216.94 | — |
| 高新技术产业增加值 | 亿元 | 9472.89 | 9800.31 | 10994.55 | 11897.34 | 11414.45 |
| 高新技术产业增加值占 GDP 比重 | % | 23.75 | 23.59 | 23.87 | 24.44 | 22.53 |
| 高新技术产业营业收入 | 亿元 | 29980.62 | 32249.95 | 36613.75 | 41750.73 | 36142.57 |
| 高新技术产业利税总额 | 亿元 | 2319.88 | 2830.85 | 2789.95 | 3095.83 | 2900.33 |
| 利润总额 | 亿元 | 1545.15 | 1854.84 | 1831.35 | 2059.92 | 1896.71 |

注：高新技术产业增加值占 GDP 比重指标数值根据第五次全国经济普查后最终核算结果进行修订。

### 表 1-15　各级科技计划项目进入技术市场总体情况（2019—2023 年）

计量单位：项

| 项目 | 2019 年 | 2020 年 | 2021 年 | 2022 年 | 2023 年 |
|---|---|---|---|---|---|
| 总计 | 9023 | 11741 | 17721 | 45780 | 55295 |
| 国家部门计划 | 161 | 366 | 689 | 587 | 946 |
| 省级计划（含地市县计划） | 941 | 1079 | 2312 | 5265 | 5702 |
| 计划外 | 7901 | 10250 | 14622 | 39759 | 48495 |
| 师市、院校计划 | — | — | 98 | 169 | 152 |

### 表 1-16　各级科技计划项目进入技术市场分类情况（2023 年）

| 开发类别 | 总计 | 国家计划 | 部门计划 | 省、自治区、直辖市及计划单列市计划 | 地市县计划 | 计划外 | 师市院校计划 |
|---|---|---|---|---|---|---|---|
| **项目个数合计（项）** | 55295 | 568 | 378 | 2099 | 3603 | 48495 | 152 |
| 机关法人 | 257 | — | 27 | 155 | 19 | 56 | — |
| 事业法人 | 11544 | 522 | 121 | 968 | 683 | 9139 | 111 |
| 社团法人 | 40 | — | 2 | 2 | 6 | 30 | — |
| 企业法人 | 42544 | 46 | 221 | 960 | 2759 | 38518 | 40 |
| 自然人 | 499 | — | 4 | 6 | 131 | 357 | 1 |
| 其他组织 | 411 | — | 3 | 8 | 5 | 395 | — |
| **金额合计（万元）** | 39952928 | 108926 | 1663766 | 7258072 | 5206947 | 25616886 | 98331 |
| 机关法人 | 658086 | — | 109085 | 474939 | 49057 | 25005 | |
| 事业法人 | 1550838 | 58123 | 52964 | 129022 | 99618 | 1207008 | 4104 |
| 社团法人 | 15489 | — | 46 | 405 | 4615 | 10424 | — |
| 企业法人 | 37277989 | 50803 | 1500902 | 6562543 | 4991937 | 24077636 | 94169 |
| 自然人 | 398755 | — | 740 | 69013 | 61478 | 267465 | 59 |
| 其他组织 | 51770 | — | 30 | 22150 | 242 | 29348 | — |

### 表 1-17　科技成果分单位情况（2023 年）

计量单位：项

| 项目 | 总计 | 科研院所 | 大专院校 | 工矿企业 | 其他 |
|---|---|---|---|---|---|
| **项目基本情况** | | | | | |
| 登记项目数 | 911 | 30 | 64 | 749 | 68 |
| 基础理论成果 | 10 | 1 | 4 | 1 | 4 |
| 软科学成果 | 17 | 6 | — | 3 | 8 |
| 应用技术成果 | 884 | 23 | 60 | 745 | 56 |
| 鉴定项目数 | 13 | — | 1 | 12 | |
| 奖励项目数 | 293 | 77 | 142 | 62 | |
| **项目计划管理情况** | | | | | |
| 国家计划项目 | 21 | 3 | 12 | 6 | |
| 省部计划项目 | 125 | 15 | 15 | 58 | 37 |
| 计划外项目 | 765 | 12 | 37 | 685 | 31 |
| **应用成果水平** | | | | | |
| 国际首创或领先 | 32 | 3 | 4 | 25 | — |
| 国际先进 | 56 | 3 | 8 | 45 | — |
| 国内首创或领先 | 56 | 2 | 1 | 52 | 1 |
| 国内先进 | ´23 | 1 | — | 21 | 1 |
| 其他 | 717 | 14 | 47 | 602 | 54 |

# 第二部分　科研机构

## 表 2-1 全省科研机构概况（2019—2023 年）

| 指标名称 | 计量单位 | 2019 年 | 2020 年 | 2021 年 | 2022 年 | 2023 年 |
|---|---|---|---|---|---|---|
| 机构数 | 个 | 105 | 105 | 105 | 98 | 98 |
| 有 R&D 活动的单位数 | 个 | 82 | 85 | 85 | 85 | 87 |
| R&D 人员 | 人 | 7833 | 7978 | 8128 | 8768 | 8713 |
| 全时人员 | 人 | 6602 | 6744 | 7010 | 7245 | 7376 |
| **R&D 人员全时当时量** | 人年 | 7186 | 7309 | 7601 | 8005 | 7779 |
| 基础研究人员 | 人年 | 932 | 1057 | 991 | 1468 | 1507 |
| 应用研究人员 | 人年 | 2477 | 1801 | 2331 | 2805 | 2141 |
| 试验发展人员 | 人年 | 3777 | 4451 | 4279 | 3732 | 4131 |
| **R&D 经费内部支出** | 万元 | 390164 | 425627 | 374313 | 421515 | 515244 |
| **按活动类型分** | | | | | | |
| 基础研究 | 万元 | 30406 | 38984 | 35662 | 54492 | 57919 |
| 应用研究 | 万元 | 151452 | 161740 | 162086 | 190236 | 190557 |
| 试验发展 | 万元 | 208306 | 224903 | 176565 | 176787 | 266768 |
| **按支出用途分** | | | | | | |
| 日常性支出 | 万元 | 314622 | 350609 | 349056 | 382989 | 455854 |
| 资产性支出 | 万元 | 75542 | 75018 | 25257 | 38526 | 59390 |
| **按经费来源分** | | | | | | |
| 政府资金 | 万元 | 311895 | 336094 | 310647 | 368972 | 439807 |
| 企业资金 | 万元 | 40193 | 40582 | 26348 | 12795 | 13478 |
| 境外资金 | 万元 | 182 | 28 | 107 | 57 | 244 |
| 其他资金 | 万元 | 37894 | 48923 | 37211 | 39691 | 61715 |
| **R&D 经费外部支出** | 万元 | 139246 | 108863 | 139890 | 193921 | 203367 |
| 专利申请数 | 件 | 614 | 741 | 848 | 792 | 937 |
| 发明专利 | 件 | 470 | 519 | 584 | 377 | 555 |
| 有效发明专利数 | 件 | 2012 | 2019 | 2060 | 1900 | 2304 |

表 2-2　科研机构 R&D 人员情况(2023 年)

| 地区 | 有 R&D 活动的单位数(个) | R&D 人员（人） | 全时人员 | R&D 人员折合全时当量(人年) |
|---|---|---|---|---|
| 总计 | 87 | 8713 | 7376 | 7779 |
| 按地区分组 | | | | |
| 长沙市 | 44 | 5688 | 4736 | 5040 |
| 株洲市 | 3 | 1467 | 1368 | 1371 |
| 湘潭市 | 5 | 127 | 125 | 125 |
| 衡阳市 | 4 | 196 | 156 | 184 |
| 邵阳市 | 3 | 139 | 84 | 95 |
| 岳阳市 | 2 | 138 | 108 | 113 |
| 常德市 | 6 | 165 | 147 | 153 |
| 张家界市 | 3 | 11 | 8 | 8 |
| 益阳市 | 4 | 99 | 99 | 99 |
| 郴州市 | 2 | 171 | 160 | 160 |
| 永州市 | 5 | 169 | 133 | 153 |
| 怀化市 | 2 | 196 | 121 | 139 |
| 娄底市 | 1 | 55 | 46 | 49 |
| 湘西州 | 3 | 93 | 86 | 91 |

## 表 2-3 科研机构按活动类型分 R&D 经费情况（2023 年）

计量单位：万元

| 地区 | R&D 经费内部支出 | 基础研究 | 应用研究 | 试验发展 |
|---|---|---|---|---|
| 总计 | 515243.9 | 57918.5 | 190557.4 | 266768.0 |
| **按地区分组** | | | | |
| 长沙市 | 330990.3 | 54142.8 | 120200.1 | 156647.4 |
| 株洲市 | 146389.6 | 992.5 | 65137.5 | 80259.6 |
| 湘潭市 | 3511.8 | 777.6 | 1555.4 | 1178.8 |
| 衡阳市 | 5610.8 | 131.3 | 561.8 | 4917.7 |
| 邵阳市 | 2281.8 | — | 129.1 | 2152.7 |
| 岳阳市 | 2884.1 | — | — | 2884.1 |
| 常德市 | 5942.0 | 40.7 | 628.7 | 5272.6 |
| 张家界市 | 356.5 | 54.0 | 30.0 | 272.5 |
| 益阳市 | 2895.4 | — | 716.0 | 2179.4 |
| 郴州市 | 3487.0 | 80.0 | 499.8 | 2907.2 |
| 永州市 | 4262.9 | 1345.5 | 1003.9 | 1913.5 |
| 怀化市 | 3400.0 | — | 95.1 | 3304.9 |
| 娄底市 | 495.2 | 354.1 | — | 141.1 |
| 湘西州 | 2736.5 | — | — | 2736.5 |

## 表 2-4  科研机构按支出用途分 R&D 经费情况（2023 年）

计量单位：万元

| 地区 | R&D 经费内部支出 | 日常性支出 | 人员劳务费 | 资产性支出 |
|---|---|---|---|---|
| 总计 | 515243.9 | 455853.7 | 149267.3 | 59390.2 |
| **按地区分组** | | | | |
| 长沙市 | 330990.3 | 290656.6 | 110654.3 | 40333.7 |
| 株洲市 | 146389.6 | 129492.8 | 14722.1 | 16896.8 |
| 湘潭市 | 3511.8 | 3270.8 | 2213.5 | 241.0 |
| 衡阳市 | 5610.8 | 5046.7 | 2791.2 | 564.1 |
| 邵阳市 | 2281.8 | 1805.9 | 1646.6 | 475.9 |
| 岳阳市 | 2884.1 | 2883.5 | 1959.0 | 0.6 |
| 常德市 | 5942.0 | 5716.9 | 3306.1 | 225.1 |
| 张家界市 | 356.5 | 317.0 | 233.4 | 39.5 |
| 益阳市 | 2895.4 | 2844.2 | 1865.2 | 51.2 |
| 郴州市 | 3487.0 | 3234.7 | 2870.3 | 252.3 |
| 永州市 | 4262.9 | 4182.1 | 1775.5 | 80.8 |
| 怀化市 | 3400.0 | 3388.8 | 2579.3 | 11.2 |
| 娄底市 | 495.2 | 277.2 | 220.0 | 218.0 |
| 湘西州 | 2736.5 | 2736.5 | 2430.8 | — |

## 表 2-5　科研机构按经费来源分 R&D 经费情况（2023 年）

计量单位：万元

| 地区 | R&D 经费内部支出 | 政府资金 | 企业资金 | 境外资金 | 其他资金 |
|---|---|---|---|---|---|
| 总计 | 515243.9 | 439806.8 | 13477.8 | 244.3 | 61715.0 |
| **按地区分组** | | | | | |
| 长沙市 | 330990.3 | 270262.6 | 11287.0 | 244.3 | 49196.4 |
| 株洲市 | 146389.6 | 135528.6 | 1726.0 | — | 9135.0 |
| 湘潭市 | 3511.8 | 3305.1 | — | — | 206.7 |
| 衡阳市 | 5610.8 | 5610.8 | — | — | — |
| 邵阳市 | 2281.8 | 2281.8 | — | — | — |
| 岳阳市 | 2884.1 | 2285.4 | — | — | 598.7 |
| 常德市 | 5942.0 | 5898.6 | — | — | 43.4 |
| 张家界市 | 356.5 | 356.5 | — | — | — |
| 益阳市 | 2895.4 | 2895.4 | — | — | — |
| 郴州市 | 3487.0 | 3171.2 | 315.8 | — | — |
| 永州市 | 4262.9 | 1903.6 | 38.0 | — | 2321.3 |
| 怀化市 | 3400.0 | 3400.0 | — | — | — |
| 娄底市 | 495.2 | 170.7 | 111.0 | — | 213.5 |
| 湘西州 | 2736.5 | 2736.5 | — | — | — |

## 表 2-6  科研机构 R&D 经费外部支出情况（2023 年）

计量单位：万元

| 地区 | R&D 经费外部支出 | 对境内研究机构支出 | 对境内高等学校支出 | 对境内企业支出 | 对境外支出 |
|------|------|------|------|------|------|
| 总计 | 203367 | 28887 | 7514 | 166902 | — |
| 按地区分组 | | | | | |
| 长沙市 | 106802 | 17030 | 5235 | 84496 | — |
| 株洲市 | 96543 | 11858 | 2279 | 82406 | — |
| 湘潭市 | — | — | — | — | — |
| 衡阳市 | 23 | — | — | — | — |
| 邵阳市 | — | — | — | — | — |
| 岳阳市 | — | — | — | — | — |
| 常德市 | — | — | — | — | — |
| 张家界市 | — | — | — | — | — |
| 益阳市 | — | — | — | — | — |
| 郴州市 | — | — | — | — | — |
| 永州市 | — | — | — | — | — |
| 怀化市 | — | — | — | — | — |
| 娄底市 | — | — | — | — | — |
| 湘西州 | — | — | — | — | — |

## 表 2-7　科学研究和技术服务业事业单位机构、人员和经费概况

| 项目 | 机构数<br>（个） | 从业人员<br>（人） | 科技活动人员<br>（不含外聘的<br>流动学者和在读<br>研究生） | 本科及<br>以上学历 |
|---|---|---|---|---|
| 总计 | 278 | 29253 | 16947 | 13309 |
| **按机构所属地域分布** | | | | |
| 全省 | 278 | 29253 | 16947 | 13309 |
| 长沙市 | 97 | 21549 | 11404 | 9707 |
| 株洲市 | 6 | 121 | 94 | 60 |
| 湘潭市 | 18 | 757 | 707 | 563 |
| 衡阳市 | 9 | 418 | 305 | 169 |
| 邵阳市 | 9 | 284 | 238 | 162 |
| 岳阳市 | 11 | 459 | 380 | 258 |
| 常德市 | 20 | 817 | 537 | 346 |
| 张家界市 | 7 | 50 | 38 | 18 |
| 益阳市 | 12 | 291 | 206 | 126 |
| 郴州市 | 11 | 1688 | 861 | 653 |
| 永州市 | 29 | 1341 | 789 | 421 |
| 怀化市 | 31 | 1013 | 977 | 511 |
| 娄底市 | 8 | 180 | 171 | 117 |
| 湘西州 | 10 | 285 | 240 | 198 |
| **按机构所属隶属关系分布** | | | | |
| 中央部门属 | 8 | 1069 | 731 | 640 |
| 中国科学院 | 2 | 242 | 242 | 229 |
| 非中央部门属 | 270 | 28184 | 16216 | 12669 |
| 省级部门属 | 83 | 21138 | 10643 | 8890 |
| 地市级部门属 | 84 | 4289 | 3678 | 2817 |
| **按机构从事的国民经济行业分布** | | | | |
| 科学研究和技术服务业 | 278 | 29253 | 16947 | 13309 |
| 研究和试验发展 | 112 | 9163 | 7306 | 6038 |
| 专业技术服务业 | 66 | 16947 | 7596 | 6220 |
| 科技推广和应用服务业 | 100 | 3143 | 2045 | 1051 |
| **按机构服务的国民经济行业分布** | | | | |
| 农、林、牧、渔业 | 89 | 4998 | 3604 | 2628 |
| 农业 | 38 | 2418 | 1987 | 1530 |

续表 2-7

| 项目 | 机构数（个） | 从业人员（人） | 科技活动人员（不含外聘的流动学者和在读研究生） | 本科及以上学历 |
|---|---|---|---|---|
| 林业 | 25 | 1586 | 786 | 488 |
| 畜牧业 | 2 | 113 | 93 | 90 |
| 渔业 | 4 | 128 | 107 | 83 |
| 农、林、牧、渔专业及辅助性活动 | 20 | 753 | 631 | 437 |
| 采矿业 | 3 | 1266 | 178 | 134 |
| 开采专业及辅助性活动 | 2 | 1110 | 102 | 98 |
| 其他采矿业 | 1 | 156 | 76 | 36 |
| 制造业 | 12 | 523 | 476 | 397 |
| 农副食品加工业 | 1 | 58 | 58 | 56 |
| 食品制造业 | 2 | 51 | 51 | 40 |
| 纺织业 | 1 | 4 | 4 | — |
| 化学原料和化学制品制造业 | 3 | 93 | 80 | 43 |
| 医药制造业 | 1 | 173 | 139 | 127 |
| 专用设备制造业 | 1 | 32 | 32 | 23 |
| 汽车制造业 | 1 | 97 | 97 | 93 |
| 计算机、通信和其他电子设备制造业 | 2 | 15 | 15 | 15 |
| 电力、热力、燃气及水生产和供应业 | 1 | 20 | 20 | 10 |
| 电力、热力生产和供应业 | 1 | 20 | 20 | 10 |
| 建筑业 | 1 | 124 | 77 | 72 |
| 土木工程建筑业 | 1 | 124 | 77 | 72 |
| 信息传输、软件和信息技术服务业 | 1 | 116 | 116 | 115 |
| 软件和信息技术服务业 | 1 | 116 | 116 | 115 |
| 科学研究和技术服务业 | 157 | 21142 | 11520 | 9109 |
| 研究和试验发展 | 33 | 3606 | 2512 | 2058 |
| 专业技术服务业 | 53 | 14904 | 7185 | 5950 |
| 科技推广和应用服务业 | 71 | 2632 | 1823 | 1101 |
| 水利、环境和公共设施管理业 | 9 | 912 | 811 | 708 |
| 水利管理业 | 3 | 236 | 222 | 187 |
| 生态保护和环境治理业 | 6 | 676 | 589 | 521 |
| 教育 | 3 | 107 | 101 | 95 |
| 教育 | 3 | 107 | 101 | 95 |

续表 2-7

| 项目 | 机构数<br>（个） | 从业人员<br>（人） | 科技活动人员<br>（不含外聘的<br>流动学者和在读<br>研究生） | 本科及<br>以上学历 |
|---|---|---|---|---|
| 文化、体育和娱乐业 | 2 | 45 | 44 | 41 |
| 　文化艺术业 | 1 | 15 | 14 | 13 |
| 　体育 | 1 | 30 | 30 | 28 |
| **按机构所属学科分布** | | | | |
| 自然科学领域 | 33 | 10571 | 4614 | 3636 |
| 　数学 | 1 | 116 | 116 | 115 |
| 　信息科学与系统科学 | 6 | 157 | 157 | 149 |
| 　化学 | 3 | 192 | 190 | 155 |
| 　天文学 | 1 | 64 | 63 | 53 |
| 　地球科学 | 19 | 9606 | 3657 | 2781 |
| 　生物学 | 3 | 436 | 431 | 383 |
| 农业科学领域 | 143 | 7601 | 5220 | 3484 |
| 　农学 | 86 | 4730 | 3546 | 2430 |
| 　林学 | 32 | 1944 | 993 | 632 |
| 　畜牧、兽医科学 | 19 | 772 | 554 | 334 |
| 　水产学 | 6 | 155 | 127 | 88 |
| 医药科学领域 | 4 | 1703 | 762 | 628 |
| 　药学 | 2 | 229 | 176 | 163 |
| 　中医学与中药学 | 2 | 1474 | 586 | 465 |
| 工程与技术科学领域 | 71 | 8264 | 5343 | 4706 |
| 　工程与技术科学基础学科 | 5 | 386 | 382 | 339 |
| 　信息与系统科学相关工程与技术 | 2 | 14 | 14 | 5 |
| 　自然科学相关工程与技术 | 4 | 530 | 369 | 352 |
| 　测绘科学技术 | 10 | 2481 | 1108 | 962 |
| 　材料科学 | 1 | 24 | 18 | 16 |
| 　冶金工程技术 | 1 | 48 | 34 | 32 |
| 　动力与电气工程 | 1 | 20 | 20 | 10 |
| 　能源科学技术 | 1 | 13 | 10 | 2 |
| 　核科学技术 | 1 | 107 | 68 | 45 |
| 　电子与通信技术 | 2 | 81 | 76 | 67 |
| 　计算机科学技术 | 2 | 130 | 130 | 127 |

续表 2-7

| 项目 | 机构数（个） | 从业人员（人） | 科技活动人员（不含外聘的流动学者和在读研究生） | 本科及以上学历 |
|---|---|---|---|---|
| 化学工程 | 1 | 35 | 25 | 13 |
| 产品应用相关工程与技术 | 1 | 572 | 572 | 479 |
| 纺织科学技术 | 1 | 4 | 4 | — |
| 食品科学技术 | 7 | 385 | 305 | 268 |
| 土木建筑工程 | 2 | 141 | 91 | 84 |
| 水利工程 | 2 | 147 | 133 | 123 |
| 交通运输工程 | 1 | 97 | 97 | 93 |
| 航空、航天科学技术 | 2 | 84 | 72 | 68 |
| 环境科学技术及资源科学技术 | 11 | 1864 | 869 | 753 |
| 安全科学技术 | 2 | 944 | 803 | 745 |
| 管理学 | 11 | 157 | 143 | 123 |
| 人文与社会科学领域 | 27 | 1114 | 1008 | 855 |
| 艺术学 | 1 | 15 | 14 | 13 |
| 考古学 | 2 | 226 | 193 | 157 |
| 经济学 | 1 | 35 | 20 | 20 |
| 社会学 | 2 | 236 | 227 | 217 |
| 图书馆、情报与文献学 | 13 | 295 | 266 | 184 |
| 教育学 | 7 | 277 | 258 | 236 |
| 体育科学 | 1 | 30 | 30 | 28 |
| **按机构从业人员规模分** | | | | |
| ≥1000 人 | 5 | 6278 | 2099 | 1511 |
| 500~999 人 | 8 | 5894 | 2551 | 2138 |
| 300~499 人 | 11 | 4399 | 2077 | 1830 |
| 200~299 人 | 7 | 1607 | 1402 | 1290 |
| 100~199 人 | 27 | 3722 | 2736 | 2152 |
| 50~99 人 | 59 | 4013 | 3303 | 2569 |
| 30~49 人 | 45 | 1726 | 1408 | 956 |
| 20~29 人 | 32 | 755 | 639 | 424 |
| 10~19 人 | 46 | 628 | 527 | 315 |
| 0~9 人 | 38 | 231 | 205 | 124 |

## 表 2-8　经费概况

计量单位：万元

| 项目 | 经费收入总额 | 科技活动收入 | 经费内部支出总额 | 科技经费内部支出 |
|---|---|---|---|---|
| **总计** | 1223524 | 731763 | 1197179 | 704536 |
| **按机构所属地域分布** | | | | |
| 全省 | 1223524 | 731763 | 1197179 | 704536 |
| 长沙市 | 1016500 | 556377 | 983456 | 536090 |
| 株洲市 | 2965 | 2803 | 3220 | 2884 |
| 湘潭市 | 20485 | 19198 | 20836 | 19677 |
| 衡阳市 | 10869 | 10313 | 10883 | 8957 |
| 邵阳市 | 7995 | 7334 | 8441 | 5639 |
| 岳阳市 | 15066 | 12024 | 14308 | 11503 |
| 常德市 | 20833 | 18324 | 20387 | 16104 |
| 张家界市 | 863 | 718 | 923 | 840 |
| 益阳市 | 6105 | 5029 | 6084 | 5540 |
| 郴州市 | 50241 | 42770 | 50923 | 41917 |
| 永州市 | 36148 | 26111 | 41737 | 23695 |
| 怀化市 | 26588 | 22397 | 26882 | 24561 |
| 娄底市 | 1802 | 1690 | 2258 | 1913 |
| 湘西州 | 7064 | 6675 | 6842 | 5216 |
| **按机构所属隶属关系分布** | | | | |
| 中央部门属 | 77358 | 49237 | 70024 | 42365 |
| 中国科学院 | 20606 | 20037 | 21338 | 20997 |
| 非中央部门属 | 1146166 | 682525 | 1127155 | 662170 |
| 省级部门属 | 943964 | 506354 | 909256 | 487842 |
| 地市级部门属 | 131229 | 120448 | 140205 | 119025 |
| **按机构从事的国民经济行业分布** | | | | |
| 科学研究和技术服务业 | 1223524 | 731763 | 1197179 | 704536 |
| 研究和试验发展 | 515936 | 398723 | 470296 | 371890 |
| 专业技术服务业 | 632047 | 272451 | 641628 | 273591 |
| 科技推广和应用服务业 | 75541 | 60588 | 85255 | 59055 |
| **按机构服务的国民经济行业分布** | | | | |
| 农、林、牧、渔业 | 202741 | 165089 | 207857 | 161721 |
| 农业 | 111318 | 103731 | 115099 | 104715 |

续表 2-8

| 项目 | 经费收入总额 | 科技活动收入 | 经费内部支出总额 | 科技经费内部支出 |
|---|---|---|---|---|
| 林业 | 58374 | 31029 | 60475 | 29108 |
| 畜牧业 | 4988 | 4105 | 4737 | 3441 |
| 渔业 | 6120 | 5962 | 5871 | 5392 |
| 农、林、牧、渔专业及辅助性活动 | 21942 | 20262 | 21676 | 19066 |
| 采矿业 | 29584 | 2415 | 29362 | 3704 |
| 开采专业及辅助性活动 | 28931 | 2163 | 27871 | 2816 |
| 其他采矿业 | 653 | 252 | 1491 | 888 |
| 制造业 | 20639 | 17802 | 31777 | 29119 |
| 农副食品加工业 | 2438 | 2394 | 2497 | 2497 |
| 食品制造业 | 1603 | 1594 | 3742 | 3223 |
| 纺织业 | 19 | 19 | 40 | 40 |
| 化学原料和化学制品制造业 | 3263 | 1157 | 5490 | 4277 |
| 医药制造业 | 10205 | 9637 | 9908 | 9097 |
| 专用设备制造业 | 613 | 613 | 568 | 477 |
| 汽车制造业 | 824 | 725 | 5027 | 5011 |
| 计算机、通信和其他电子设备制造业 | 1675 | 1663 | 4505 | 4498 |
| 电力、热力、燃气及水生产和供应业 | 141 | 141 | 114 | 114 |
| 电力、热力生产和供应业 | 141 | 141 | 114 | 114 |
| 建筑业 | 3298 | 2898 | 3298 | 3291 |
| 土木工程建筑业 | 3298 | 2898 | 3298 | 3291 |
| 信息传输、软件和信息技术服务业 | 7295 | 7237 | 6029 | 5766 |
| 软件和信息技术服务业 | 7295 | 7237 | 6029 | 5766 |
| 科学研究和技术服务业 | 1223524 | 731763 | 1197179 | 704536 |
| 研究和试验发展 | 515936 | 398723 | 470296 | 371890 |
| 专业技术服务业 | 632047 | 272451 | 641628 | 273591 |
| 科技推广和应用服务业 | 75541 | 60588 | 85255 | 59055 |
| 水利、环境和公共设施管理业 | 51081 | 45172 | 48339 | 41507 |
| 水利管理业 | 12313 | 9804 | 10466 | 8868 |
| 生态保护和环境治理业 | 38769 | 35368 | 37874 | 32639 |
| 教育 | 4284 | 3829 | 4175 | 3562 |
| 教育 | 4284 | 3829 | 4175 | 3562 |

续表 2-8

| 项目 | 经费收入总额 | 科技活动收入 | 经费内部支出总额 | 科技经费内部支出 |
|---|---|---|---|---|
| 文化、体育和娱乐业 | 1540 | 1298 | 1574 | 1472 |
| 文化艺术业 | 424 | 332 | 424 | 322 |
| 体育 | 1116 | 966 | 1150 | 1150 |
| **按机构所属学科分布** | | | | |
| 自然科学领域 | 355287 | 176687 | 364513 | 172762 |
| 数学 | 7295 | 7237 | 6029 | 5766 |
| 信息科学与系统科学 | 4795 | 4646 | 5002 | 4829 |
| 化学 | 8339 | 6278 | 10724 | 9332 |
| 天文学 | 677 | 677 | 677 | 577 |
| 地球科学 | 307756 | 131707 | 315265 | 125658 |
| 生物学 | 26425 | 26142 | 26816 | 26600 |
| 农业科学领域 | 332305 | 261807 | 305965 | 214902 |
| 农学 | 213036 | 192380 | 185438 | 155139 |
| 林学 | 88329 | 42898 | 86257 | 34379 |
| 畜牧、兽医科学 | 24082 | 20371 | 27592 | 19696 |
| 水产学 | 6859 | 6158 | 6679 | 5689 |
| 医药科学领域 | 111871 | 31385 | 113341 | 59634 |
| 药学 | 12049 | 11455 | 11631 | 10743 |
| 中医学与中药学 | 99823 | 19930 | 101710 | 48892 |
| 工程与技术科学领域 | 372371 | 214286 | 362425 | 211235 |
| 工程与技术科学基础学科 | 27727 | 26174 | 13683 | 13539 |
| 信息与系统科学相关工程与技术 | 279 | 279 | 279 | 279 |
| 自然科学相关工程与技术 | 28349 | 17793 | 26231 | 21241 |
| 测绘科学技术 | 115425 | 48463 | 125165 | 44697 |
| 材料科学 | 434 | 412 | 658 | 587 |
| 冶金工程技术 | 5107 | 510 | 4407 | 510 |
| 动力与电气工程 | 141 | 141 | 114 | 114 |
| 能源科学技术 | 85 | 40 | 85 | 40 |
| 核科学技术 | 5871 | 5197 | 5871 | 4482 |
| 电子与通信技术 | 3437 | 3311 | 6723 | 6490 |
| 计算机科学技术 | 7853 | 7853 | 2531 | 2524 |

续表 2-8

| 项目 | 经费收入总额 | 科技活动收入 | 经费内部支出总额 | 科技经费内部支出 |
|---|---|---|---|---|
| 化学工程 | 620 | 620 | 771 | 756 |
| 产品应用相关工程与技术 | 21071 | 21071 | 20722 | 20722 |
| 纺织科学技术 | 19 | 19 | 40 | 40 |
| 食品科学技术 | 14736 | 13901 | 17256 | 13002 |
| 土木建筑工程 | 3574 | 3154 | 3558 | 3547 |
| 水利工程 | 9362 | 9257 | 7017 | 6112 |
| 交通运输工程 | 824 | 725 | 5027 | 5011 |
| 航空、航天科学技术 | 4826 | 2333 | 4955 | 3950 |
| 环境科学技术及资源科学技术 | 85012 | 32150 | 83953 | 38245 |
| 安全科学技术 | 30916 | 15158 | 26688 | 19967 |
| 管理学 | 6705 | 5725 | 6690 | 5381 |
| 人文与社会科学领域 | 51690 | 47598 | 50936 | 46003 |
| 艺术学 | 424 | 332 | 424 | 322 |
| 考古学 | 12119 | 12011 | 12684 | 12547 |
| 经济学 | 2265 | 1741 | 2260 | 1735 |
| 社会学 | 10192 | 9119 | 10842 | 9691 |
| 图书馆、情报与文献学 | 11721 | 11181 | 10921 | 9967 |
| 教育学 | 13853 | 12248 | 12655 | 10591 |
| 体育科学 | 1116 | 966 | 1150 | 1150 |
| **按机构从业人员规模分** | | | | |
| ≥1000 人 | 223609 | 71173 | 234205 | 104034 |
| 500~999 人 | 190791 | 70414 | 189269 | 73413 |
| 300~499 人 | 230279 | 96595 | 236330 | 93862 |
| 200~299 人 | 113469 | 98490 | 96917 | 82292 |
| 100~199 人 | 185848 | 152986 | 179158 | 137268 |
| 50~99 人 | 150770 | 134000 | 156645 | 133160 |
| 30~49 人 | 55045 | 40371 | 57257 | 41228 |
| 20~29 人 | 20174 | 18286 | 20907 | 17383 |
| 10~19 人 | 46633 | 42961 | 14757 | 11619 |
| 0~9 人 | 6907 | 6487 | 11735 | 10277 |

## 表 2-9　从业人员概况

计量单位：人

| 项目 | 从业人员 | 科技活动人员（不含外聘的流动学者和在读研究生） | 女性 | 外聘的流动学者 | 非本单位在读研究生 | 离退休人员 |
|---|---|---|---|---|---|---|
| 总计 | 29253 | 16947 | 5614 | 1197 | 962 | 28567 |
| **按机构所属地域分布** | | | | | | |
| 全省 | 29253 | 16947 | 5614 | 1197 | 962 | 28567 |
| 长沙市 | 21549 | 11404 | 3920 | 1086 | 951 | 22638 |
| 株洲市 | 121 | 94 | 24 | 3 | — | 85 |
| 湘潭市 | 757 | 707 | 255 | 17 | — | 402 |
| 衡阳市 | 418 | 305 | 108 | 31 | — | 297 |
| 邵阳市 | 284 | 238 | 72 | 3 | 1 | 166 |
| 岳阳市 | 459 | 380 | 96 | 1 | — | 177 |
| 常德市 | 817 | 537 | 177 | 14 | 4 | 549 |
| 张家界市 | 50 | 38 | 16 | 11 | 2 | 1 |
| 益阳市 | 291 | 206 | 43 | — | — | 179 |
| 郴州市 | 1688 | 861 | 270 | 1 | — | 2620 |
| 永州市 | 1341 | 789 | 207 | 18 | 4 | 661 |
| 怀化市 | 1013 | 977 | 271 | 9 | — | 588 |
| 娄底市 | 180 | 171 | 56 | — | — | 49 |
| 湘西州 | 285 | 240 | 99 | 3 | — | 155 |
| **按机构所属隶属关系分布** | | | | | | |
| 中央部门属 | 1069 | 731 | 238 | 25 | 290 | 854 |
| 中国科学院 | 242 | 242 | 93 | 16 | 185 | 143 |
| 非中央部门属 | 28184 | 16216 | 5376 | 1172 | 672 | 27713 |
| 省级部门属 | 21138 | 10643 | 3652 | 961 | 639 | 24039 |
| 地市级部门属 | 4289 | 3678 | 1261 | 82 | 23 | 2792 |
| **按机构从事的国民经济行业分布** | | | | | | |
| 科学研究和技术服务业 | 29253 | 16947 | 5614 | 1197 | 962 | 28567 |
| 研究和试验发展 | 9163 | 7306 | 2705 | 962 | 767 | 6521 |
| 专业技术服务业 | 16947 | 7596 | 2399 | 142 | 165 | 20855 |
| 科技推广和应用服务业 | 3143 | 2045 | 510 | 93 | 30 | 1191 |
| **按机构服务的国民经济行业分布** | | | | | | |
| 农、林、牧、渔业 | 4998 | 3604 | 1211 | 109 | 347 | 3973 |
| 农业 | 2418 | 1987 | 677 | 101 | 327 | 2249 |

续表 2-9

| 项目 | 从业人员 | 科技活动人员（不含外聘的流动学者和在读研究生） | 女性 | 外聘的流动学者 | 非本单位在读研究生 | 离退休人员 |
|---|---|---|---|---|---|---|
| 林业 | 1586 | 786 | 277 | 5 | 3 | 1009 |
| 畜牧业 | 113 | 93 | 26 | — | 15 | 96 |
| 渔业 | 128 | 107 | 27 | — | — | 127 |
| 农、林、牧、渔专业及辅助性活动 | 753 | 631 | 204 | 3 | 2 | 492 |
| 采矿业 | 1266 | 178 | 49 | — | 20 | 1944 |
| 开采专业及辅助性活动 | 1110 | 102 | 17 | — | 18 | 1753 |
| 其他采矿业 | 156 | 76 | 32 | — | 2 | 191 |
| 制造业 | 523 | 476 | 208 | 112 | 78 | 251 |
| 农副食品加工业 | 58 | 58 | 35 | 2 | 56 | 13 |
| 食品制造业 | 51 | 51 | 22 | 6 | — | 10 |
| 纺织业 | 4 | 4 | 4 | — | | 81 |
| 化学原料和化学制品制造业 | 93 | 80 | 23 | 2 | | 36 |
| 医药制造业 | 173 | 139 | 91 | 47 | | 111 |
| 专用设备制造业 | 32 | 32 | 4 | — | | |
| 汽车制造业 | 97 | 97 | 21 | 18 | 21 | — |
| 计算机、通信和其他电子设备制造业 | 15 | 15 | 8 | 37 | 1 | |
| 电力、热力、燃气及水生产和供应业 | 20 | 20 | 10 | 4 | | |
| 电力、热力生产和供应业 | 20 | 20 | 10 | 4 | | |
| 建筑业 | 124 | 77 | 35 | — | — | 50 |
| 土木工程建筑业 | 124 | 77 | 35 | — | — | 50 |
| 信息传输、软件和信息技术服务业 | 116 | 116 | 43 | 45 | | |
| 软件和信息技术服务业 | 116 | 116 | 43 | 45 | | |
| 科学研究和技术服务业 | 29253 | 16947 | 5614 | 1197 | 962 | 28567 |
| 研究和试验发展 | 9163 | 7306 | 2705 | 962 | 767 | 6521 |
| 专业技术服务业 | 16947 | 7596 | 2399 | 142 | 165 | 20855 |
| 科技推广和应用服务业 | 3143 | 2045 | 510 | 93 | 30 | 1191 |
| 水利、环境和公共设施管理业 | 912 | 811 | 323 | 1 | 25 | 395 |
| 水利管理业 | 236 | 222 | 69 | 1 | | 140 |
| 生态保护和环境治理业 | 676 | 589 | 254 | | 25 | 255 |
| 教育 | 107 | 101 | 20 | — | — | 88 |
| 教育 | 107 | 101 | 20 | — | — | 88 |

续表 2-9

| 项目 | 从业人员 | 科技活动人员（不含外聘的流动学者和在读研究生） | 女性 | 外聘的流动学者 | 非本单位在读研究生 | 离退休人员 |
|---|---|---|---|---|---|---|
| 文化、体育和娱乐业 | 45 | 44 | 23 | — | — | 43 |
| 文化艺术业 | 15 | 14 | 8 | — | — | 15 |
| 体育 | 30 | 30 | 15 | — | — | 28 |
| **按机构所属学科分布** | | | | | | |
| 自然科学领域 | 10571 | 4614 | 1419 | 110 | 371 | 16038 |
| 数学 | 116 | 116 | 43 | 45 | — | — |
| 信息科学与系统科学 | 157 | 157 | 75 | — | — | 46 |
| 化学 | 192 | 190 | 61 | — | — | 33 |
| 天文学 | 64 | 63 | 25 | 1 | — | 48 |
| 地球科学 | 9606 | 3657 | 1047 | 17 | 144 | 15597 |
| 生物学 | 436 | 431 | 168 | 47 | 227 | 314 |
| 农业科学领域 | 7601 | 5220 | 1650 | 428 | 366 | 5255 |
| 农学 | 4730 | 3546 | 1126 | 405 | 346 | 3603 |
| 林学 | 1944 | 993 | 341 | 5 | 3 | 1196 |
| 畜牧、兽医科学 | 772 | 554 | 156 | 17 | 17 | 324 |
| 水产学 | 155 | 127 | 27 | 1 | — | 132 |
| 医药科学领域 | 1703 | 762 | 414 | 48 | 100 | 735 |
| 药学 | 229 | 176 | 112 | 47 | — | 114 |
| 中医学与中药学 | 1474 | 586 | 302 | 1 | 100 | 621 |
| 工程与技术科学领域 | 8264 | 5343 | 1720 | 587 | 125 | 5813 |
| 工程与技术科学基础学科 | 386 | 382 | 121 | — | — | 13 |
| 信息与系统科学相关工程与技术 | 14 | 14 | 2 | — | — | 13 |
| 自然科学相关工程与技术 | 530 | 369 | 126 | 51 | 21 | 268 |
| 测绘科学技术 | 2481 | 1108 | 294 | — | — | 1090 |
| 材料科学 | 24 | 18 | 5 | — | — | 6 |
| 冶金工程技术 | 48 | 34 | 8 | — | — | 176 |
| 动力与电气工程 | 20 | 20 | 10 | 4 | — | — |
| 能源科学技术 | 13 | 10 | 1 | — | — | 8 |
| 核科学技术 | 107 | 68 | 10 | 3 | — | 509 |
| 电子与通信技术 | 81 | 76 | 25 | 33 | — | 77 |
| 计算机科学技术 | 130 | 130 | 39 | 441 | — | 6 |

续表 2-9

| 项目 | 从业人员 | 科技活动人员（不含外聘的流动学者和在读研究生） | 女性 | 外聘的流动学者 | 非本单位在读研究生 | 离退休人员 |
|---|---|---|---|---|---|---|
| 化学工程 | 35 | 25 | 7 | 2 | — | 13 |
| 产品应用相关工程与技术 | 572 | 572 | 261 | — | — | 6 |
| 纺织科学技术 | 4 | 4 | 4 | — | — | 81 |
| 食品科学技术 | 385 | 305 | 169 | 8 | 56 | 93 |
| 土木建筑工程 | 141 | 91 | 39 | — | — | 50 |
| 水利工程 | 147 | 133 | 48 | 1 | — | 54 |
| 交通运输工程 | 97 | 97 | 21 | 18 | 21 | — |
| 航空、航天科学技术 | 84 | 72 | 21 | — | 1 | — |
| 环境科学技术及资源科学技术 | 1864 | 869 | 269 | 2 | 25 | 3299 |
| 安全科学技术 | 944 | 803 | 181 | 2 | — | 25 |
| 管理学 | 157 | 143 | 59 | 22 | 1 | 26 |
| 人文与社会科学领域 | 1114 | 1008 | 411 | 24 | — | 726 |
| 艺术学 | 15 | 14 | 8 | — | — | 15 |
| 考古学 | 226 | 193 | 94 | — | — | 41 |
| 经济学 | 35 | 20 | 8 | 4 | — | 108 |
| 社会学 | 236 | 227 | 85 | — | — | 135 |
| 图书馆、情报与文献学 | 295 | 266 | 103 | 11 | — | 130 |
| 教育学 | 277 | 258 | 98 | 9 | — | 269 |
| 体育科学 | 30 | 30 | 15 | — | — | 28 |
| **按机构从业人员规模分** | | | | | | |
| ≥1000 人 | 6278 | 2099 | 694 | — | 118 | 8750 |
| 500~999 人 | 5894 | 2551 | 681 | — | — | 6684 |
| 300~499 人 | 4399 | 2077 | 675 | 70 | 145 | 4739 |
| 200~299 人 | 1607 | 1402 | 486 | 31 | 234 | 650 |
| 100~199 人 | 3722 | 2736 | 1052 | 404 | 293 | 3274 |
| 50~99 人 | 4013 | 3303 | 1112 | 549 | 132 | 2691 |
| 30~49 人 | 1726 | 1408 | 463 | 41 | 31 | 924 |
| 20~29 人 | 755 | 639 | 221 | 14 | 1 | 236 |
| 10~19 人 | 628 | 527 | 153 | 22 | 7 | 453 |
| 0~9 人 | 231 | 205 | 77 | 66 | 1 | 166 |

## 表 2-10 从业人员按工作性质分

计量单位：人

| 项目 | 从业人员 | 科技活动人员(不含外聘的流动学者和在读研究生) | 科技管理人员 | 课题活动人员 | 科技服务人员 | 生产经营活动人员 | 其他人员 |
|---|---|---|---|---|---|---|---|
| **总计** | 29253 | 16947 | 2942 | 11177 | 2828 | 8376 | 3930 |
| **按机构所属地域分布** | | | | | | | |
| 全省 | 29253 | 16947 | 2942 | 11177 | 2828 | 8376 | 3930 |
| 长沙市 | 21549 | 11404 | 1842 | 7615 | 1947 | 6936 | 3209 |
| 株洲市 | 121 | 94 | 26 | 43 | 25 | 5 | 22 |
| 湘潭市 | 757 | 707 | 127 | 501 | 79 | 32 | 18 |
| 衡阳市 | 418 | 305 | 57 | 180 | 68 | 44 | 69 |
| 邵阳市 | 284 | 238 | 27 | 188 | 23 | 39 | 7 |
| 岳阳市 | 459 | 380 | 118 | 189 | 73 | 49 | 30 |
| 常德市 | 817 | 537 | 94 | 334 | 109 | 135 | 145 |
| 张家界市 | 50 | 38 | 8 | 23 | 7 | 4 | 8 |
| 益阳市 | 291 | 206 | 46 | 116 | 44 | 37 | 48 |
| 郴州市 | 1688 | 861 | 189 | 508 | 164 | 713 | 114 |
| 永州市 | 1341 | 789 | 166 | 532 | 91 | 353 | 199 |
| 怀化市 | 1013 | 977 | 145 | 693 | 139 | 23 | 13 |
| 娄底市 | 180 | 171 | 28 | 116 | 27 | 6 | 3 |
| 湘西州 | | | | | | | |
| **按机构所属隶属关系分布** | | | | | | | |
| 中央部门属 | 1069 | 731 | 139 | 449 | 143 | 310 | 28 |
| 中国科学院 | 242 | 242 | 27 | 170 | 45 | — | — |
| 非中央部门属 | 28184 | 16216 | 2803 | 10728 | 2685 | 8066 | 3902 |
| 省级部门属 | 21138 | 10643 | 1729 | 7063 | 1851 | 7285 | 3210 |
| 地市级部门属 | 4289 | 3678 | 638 | 2488 | 552 | 208 | 403 |
| **按机构从事的国民经济行业分布** | | | | | | | |
| 科学研究和技术服务业 | 29253 | 16947 | 2942 | 11177 | 2828 | 8376 | 3930 |
| 研究和试验发展 | 9163 | 7306 | 1293 | 5022 | 991 | 412 | 1445 |
| 专业技术服务业 | 16947 | 7596 | 1197 | 4954 | 1445 | 7283 | 2068 |
| 科技推广和应用服务业 | 3143 | 2045 | 452 | 1201 | 392 | 681 | 417 |
| **按机构服务的国民经济行业分布** | | | | | | | |
| 农、林、牧、渔业 | 4998 | 3604 | 604 | 2294 | 706 | 898 | 496 |
| 农业 | 2418 | 1987 | 357 | 1254 | 376 | 181 | 250 |

续表 2-10

| 项目 | 从业人员 | 科技活动人员(不含外聘的流动学者和在读研究生) | 科技管理人员 | 课题活动人员 | 科技服务人员 | 生产经营活动人员 | 其他人员 |
|---|---|---|---|---|---|---|---|
| 林业 | 1586 | 786 | 117 | 486 | 183 | 647 | 153 |
| 畜牧业 | 113 | 93 | 17 | 49 | 27 | — | 20 |
| 渔业 | 128 | 107 | 19 | 54 | 34 | 8 | 13 |
| 农、林、牧、渔专业及辅助性活动 | 753 | 631 | 94 | 451 | 86 | 62 | 60 |
| 采矿业 | 1266 | 178 | 35 | 89 | 54 | 1023 | 65 |
| 开采专业及辅助性活动 | 1110 | 102 | 12 | 84 | 6 | 988 | 20 |
| 其他采矿业 | 156 | 76 | 23 | 5 | 48 | 35 | 45 |
| 制造业 | 523 | 476 | 102 | 331 | 43 | 3 | 44 |
| 农副食品加工业 | 58 | 58 | 19 | 39 | — | — | — |
| 食品制造业 | 51 | 51 | 15 | 31 | 5 | — | — |
| 纺织业 | 4 | 4 | 4 | — | — | — | — |
| 化学原料和化学制品制造业 | 93 | 80 | 16 | 55 | 9 | 3 | 10 |
| 医药制造业 | 173 | 139 | 28 | 102 | 9 | — | 34 |
| 专用设备制造业 | 32 | 32 | 1 | 21 | 10 | — | — |
| 汽车制造业 | 97 | 97 | 8 | 79 | 10 | — | — |
| 计算机、通信和其他电子设备制造业 | 15 | 15 | 11 | 4 | — | — | — |
| 电力、热力、燃气及水生产和供应业 | 20 | 20 | 7 | 10 | 3 | — | — |
| 电力、热力生产和供应业 | 20 | 20 | 7 | 10 | 3 | — | — |
| 建筑业 | 124 | 77 | 35 | 35 | 7 | — | 47 |
| 土木工程建筑业 | 124 | 77 | 35 | 35 | 7 | — | 47 |
| 信息传输、软件和信息技术服务业 | 116 | 116 | 32 | 84 | — | — | — |
| 软件和信息技术服务业 | 116 | 116 | 32 | 84 | — | — | — |
| 科学研究和技术服务业 | 29253 | 16947 | 2942 | 11177 | 2828 | 8376 | 3930 |
| 研究和试验发展 | 9163 | 7306 | 1293 | 5022 | 991 | 412 | 1445 |
| 专业技术服务业 | 16947 | 7596 | 1197 | 4954 | 1445 | 7283 | 2068 |
| 科技推广和应用服务业 | 3143 | 2045 | 452 | 1201 | 392 | 681 | 417 |
| 水利、环境和公共设施管理业 | 912 | 811 | 142 | 481 | 188 | 2 | 99 |
| 水利管理业 | 236 | 222 | 40 | 171 | 11 | 2 | 12 |
| 生态保护和环境治理业 | 676 | 589 | 102 | 310 | 177 | — | 87 |
| 教育 | 107 | 101 | 6 | 40 | 55 | — | 6 |
| 教育 | 107 | 101 | 6 | 40 | 55 | — | 6 |

续表 2-10

| 项目 | 从业人员 | 科技活动人员(不含外聘的流动学者和在读研究生) | 科技管理人员 | 课题活动人员 | 科技服务人员 | 生产经营活动人员 | 其他人员 |
|---|---|---|---|---|---|---|---|
| 文化、体育和娱乐业 | 45 | 44 | 9 | 31 | 4 | — | 1 |
| 文化艺术业 | 15 | 14 | 3 | 11 | — | — | 1 |
| 体育 | 30 | 30 | 6 | 20 | 4 | — | — |
| **按机构所属学科分布** | | | | | | | |
| 自然科学领域 | 10571 | 4614 | 831 | 2795 | 988 | 4507 | 1450 |
| 数学 | 116 | 116 | 32 | 84 | — | — | — |
| 信息科学与系统科学 | 157 | 157 | 36 | 95 | 26 | — | — |
| 化学 | 192 | 190 | 26 | 94 | 70 | — | 2 |
| 天文学 | 64 | 63 | 17 | 46 | — | — | 1 |
| 地球科学 | 9606 | 3657 | 680 | 2146 | 831 | 4507 | 1442 |
| 生物学 | 436 | 431 | 40 | 330 | 61 | — | 5 |
| 农业科学领域 | | | | | | | |
| 农学 | 4730 | 3546 | 670 | 2229 | 647 | 556 | 628 |
| 林学 | 1944 | 993 | 171 | 608 | 214 | 790 | 161 |
| 畜牧、兽医科学 | 772 | 554 | 93 | 372 | 89 | 103 | 115 |
| 水产学 | 155 | 127 | 20 | 68 | 39 | 13 | 15 |
| 医药科学领域 | 1703 | 762 | 136 | 608 | 18 | 138 | 803 |
| 药学 | 229 | 176 | 34 | 127 | 15 | — | 53 |
| 中医学与中药学 | 1474 | 586 | 102 | 481 | 3 | 138 | 750 |
| 工程与技术科学领域 | 8264 | 5343 | 799 | 3875 | 669 | 2251 | 670 |
| 工程与技术科学基础学科 | 386 | 382 | 91 | 249 | 42 | — | 4 |
| 信息与系统科学相关工程与技术 | 14 | 14 | 6 | 8 | — | — | — |
| 自然科学相关工程与技术 | 530 | 369 | 31 | 320 | 18 | 150 | 11 |
| 测绘科学技术 | 2481 | 1108 | 143 | 929 | 36 | 1152 | 221 |
| 材料科学 | 24 | 18 | 3 | 15 | — | — | 6 |
| 冶金工程技术 | 48 | 34 | 8 | 26 | — | 14 | — |
| 动力与电气工程 | 20 | 20 | 7 | 10 | 3 | — | — |
| 能源科学技术 | 13 | 10 | 2 | 5 | 3 | 3 | — |
| 核科学技术 | 107 | 68 | 10 | 32 | 26 | 17 | 22 |
| 电子与通信技术 | 81 | 76 | 22 | 54 | — | — | 5 |
| 计算机科学技术 | 130 | 130 | 16 | 111 | 3 | — | — |

续表 2-10

| 项目 | 从业人员 | 科技活动人员(不含外聘的流动学者和在读研究生) | 科技管理人员 | 课题活动人员 | 科技服务人员 | 生产经营活动人员 | 其他人员 |
|---|---|---|---|---|---|---|---|
| 化学工程 | 35 | 25 | 7 | 14 | 4 | — | 10 |
| 产品应用相关工程与技术 | 572 | 572 | 72 | 293 | 207 | — | — |
| 纺织科学技术 | 4 | 4 | 4 | — | — | — | — |
| 食品科学技术 | 385 | 305 | 62 | 210 | 33 | 10 | 70 |
| 土木建筑工程 | 141 | 91 | 36 | 48 | 7 | — | 50 |
| 水利工程 | 147 | 133 | 26 | 96 | 11 | 2 | 12 |
| 交通运输工程 | 97 | 97 | 8 | 79 | 10 | — | — |
| 航空、航天科学技术 | 84 | 72 | 21 | 45 | 6 | 12 | — |
| 环境科学技术及资源科学技术 | 1864 | 869 | 185 | 599 | 85 | 739 | 256 |
| 安全科学技术 | 944 | 803 | 3 | 642 | 158 | 141 | — |
| 管理学 | 157 | 143 | 36 | 90 | 17 | 11 | 3 |
| 人文与社会科学领域 | 1114 | 1008 | 222 | 622 | 164 | 18 | 88 |
| 艺术学 | 15 | 14 | 3 | 11 | — | — | 1 |
| 考古学 | 226 | 193 | 37 | 102 | 54 | — | 33 |
| 经济学 | 35 | 20 | 4 | 15 | 1 | — | 15 |
| 社会学 | 236 | 227 | 49 | 178 | — | — | 9 |
| 图书馆、情报与文献学 | 295 | 266 | 72 | 157 | 37 | 18 | 11 |
| 教育学 | 277 | 258 | 51 | 139 | 68 | — | 19 |
| 体育科学 | 30 | 30 | 6 | 20 | 4 | — | — |
| **按机构从业人员规模分** | | | | | | | |
| ≥1000 人 | 6278 | 2099 | 381 | 1189 | 529 | 2716 | 1463 |
| 500~999 人 | 5894 | 2551 | 353 | 1735 | 463 | 2397 | 946 |
| 300~499 人 | 4399 | 2077 | 246 | 1556 | 275 | 2069 | 253 |
| 200~299 人 | 1607 | 1402 | 220 | 989 | 193 | 56 | 149 |
| 100~199 人 | 3722 | 2736 | 556 | 1708 | 472 | 516 | 470 |
| 50~99 人 | 4013 | 3303 | 598 | 2217 | 488 | 295 | 415 |
| 30~49 人 | 1726 | 1408 | 235 | 957 | 216 | 209 | 109 |
| 20~29 人 | 755 | 639 | 148 | 416 | 75 | 43 | 73 |
| 10~19 人 | 628 | 527 | 130 | 312 | 85 | 63 | 38 |
| 0~9 人 | 231 | 205 | 75 | 98 | 32 | 12 | 14 |

## 表 2-11 科技活动人员按学历分

计量单位：人

| 项目 | 科技活动人员（不含外聘的流动学者和在读研究生） | 学历 | | | | |
|---|---|---|---|---|---|---|
| | | 博士 | 硕士 | 本科 | 大专 | 其他 |
| 总计 | 16947 | 1208 | 3861 | 8240 | 2371 | 1267 |
| **按机构所属地域分布** | | | | | | |
| 全省 | 16947 | 1208 | 3861 | 8240 | 2371 | 1267 |
| 长沙市 | 11404 | 1120 | 3195 | 5392 | 1018 | 679 |
| 株洲市 | 94 | — | 8 | 52 | 26 | 8 |
| 湘潭市 | 707 | — | 104 | 459 | 126 | 18 |
| 衡阳市 | 305 | 2 | 50 | 117 | 83 | 53 |
| 邵阳市 | 238 | 2 | 28 | 132 | 53 | 23 |
| 岳阳市 | 380 | 5 | 64 | 189 | 116 | 6 |
| 常德市 | 537 | 3 | 83 | 260 | 100 | 91 |
| 张家界市 | 38 | — | 4 | 14 | 16 | 4 |
| 益阳市 | 206 | 1 | 32 | 93 | 46 | 34 |
| 郴州市 | 861 | 1 | 98 | 554 | 156 | 52 |
| 永州市 | 789 | 5 | 56 | 360 | 277 | 91 |
| 怀化市 | 977 | 17 | 77 | 417 | 300 | 166 |
| 娄底市 | 171 | 52 | 20 | 45 | 27 | 27 |
| 湘西州 | 240 | — | 42 | 156 | 27 | 15 |
| **按机构所属隶属关系分布** | | | | | | |
| 中央部门属 | 731 | 236 | 202 | 202 | 41 | 50 |
| 中国科学院 | 242 | 160 | 49 | 20 | 6 | 7 |
| 非中央部门属 | 16216 | 972 | 3659 | 8038 | 2330 | 1217 |
| 省级部门属 | 10643 | 843 | 2656 | 5391 | 1065 | 688 |
| 地市级部门属 | 3678 | 103 | 897 | 1817 | 585 | 276 |
| **按机构从事的国民经济行业分布** | | | | | | |
| 科学研究和技术服务业 | 16947 | 1208 | 3861 | 8240 | 2371 | 1267 |
| 研究和试验发展 | 7306 | 1081 | 2266 | 2691 | 802 | 466 |
| 专业技术服务业 | 7596 | 94 | 1456 | 4670 | 886 | 490 |
| 科技推广和应用服务业 | 2045 | 33 | 139 | 879 | 683 | 311 |
| **按机构服务的国民经济行业分布** | | | | | | |
| 农、林、牧、渔业 | 3604 | 621 | 805 | 1202 | 654 | 322 |
| 农业 | 1987 | 460 | 464 | 606 | 294 | 163 |

续表 2-11

| 项目 | 科技活动人员（不含外聘的流动学者和在读研究生） | 学历 | | | | |
|---|---|---|---|---|---|---|
| | | 博士 | 硕士 | 本科 | 大专 | 其他 |
| 林业 | 786 | 67 | 146 | 275 | 194 | 104 |
| 畜牧业 | 93 | 10 | 37 | 43 | 3 | — |
| 渔业 | 107 | 3 | 34 | 46 | 14 | 10 |
| 农、林、牧、渔专业及辅助性活动 | 631 | 81 | 124 | 232 | 149 | 45 |
| 采矿业 | 178 | 3 | 35 | 96 | 26 | 18 |
| 开采专业及辅助性活动 | 102 | — | 25 | 73 | 3 | 1 |
| 其他采矿业 | 76 | 3 | 10 | 23 | 23 | 17 |
| 制造业 | 476 | 53 | 171 | 173 | 54 | 25 |
| 农副食品加工业 | 58 | 22 | 27 | 7 | 2 | — |
| 食品制造业 | 51 | 3 | 13 | 24 | 6 | 5 |
| 纺织业 | 4 | — | — | — | 3 | 1 |
| 化学原料和化学制品制造业 | 80 | — | 9 | 34 | 29 | 8 |
| 医药制造业 | 139 | 6 | 77 | 44 | 6 | 6 |
| 专用设备制造业 | 32 | — | 2 | 21 | 5 | 4 |
| 汽车制造业 | 97 | 17 | 37 | 39 | 3 | 1 |
| 计算机、通信和其他电子设备制造业 | 15 | 5 | 6 | 4 | — | — |
| 电力、热力、燃气及水生产和供应业 | 20 | 1 | 3 | 6 | 10 | — |
| 电力、热力生产和供应业 | 20 | 1 | 3 | 6 | 10 | — |
| 建筑业 | 77 | 1 | 32 | 39 | 5 | — |
| 土木工程建筑业 | 77 | 1 | 32 | 39 | 5 | — |
| 信息传输、软件和信息技术服务业 | 116 | 12 | 83 | 20 | 1 | — |
| 软件和信息技术服务业 | 116 | 12 | 83 | 20 | 1 | — |
| 科学研究和技术服务业 | 16947 | 1208 | 3861 | 8240 | 2371 | 1267 |
| 研究和试验发展 | 7306 | 1081 | 2266 | 2691 | 802 | 466 |
| 专业技术服务业 | 7596 | 94 | 1456 | 4670 | 886 | 490 |
| 科技推广和应用服务业 | 2045 | 33 | 139 | 879 | 683 | 311 |
| 水利、环境和公共设施管理业 | 811 | 44 | 269 | 395 | 72 | 31 |
| 水利管理业 | 222 | 11 | 69 | 107 | 24 | 11 |
| 生态保护和环境治理业 | 589 | 33 | 200 | 288 | 48 | 20 |
| 教育 | 101 | — | 12 | 83 | 2 | 4 |
| 教育 | 101 | — | 12 | 83 | 2 | 4 |

续表 2-11

| 项目 | 科技活动人员（不含外聘的流动学者和在读研究生） | 学历 | | | | |
|---|---|---|---|---|---|---|
| | | 博士 | 硕士 | 本科 | 大专 | 其他 |
| 文化、体育和娱乐业 | 44 | 1 | 18 | 22 | 3 | — |
| 文化艺术业 | 14 | — | 2 | 11 | 1 | — |
| 体育 | 30 | 1 | 16 | 11 | 2 | — |
| **按机构所属学科分布** | | | | | | |
| 自然科学领域 | 4614 | 290 | 843 | 2503 | 554 | 424 |
| 数学 | 116 | 12 | 83 | 20 | 1 | — |
| 信息科学与系统科学 | 157 | 7 | 53 | 89 | 8 | — |
| 化学 | 190 | 9 | 47 | 99 | 32 | 3 |
| 天文学 | 63 | — | 6 | 47 | 8 | 2 |
| 地球科学 | 3657 | 45 | 553 | 2183 | 488 | 388 |
| 生物学 | 431 | 217 | 101 | 65 | 17 | 31 |
| 农业科学领域 | 5220 | 521 | 970 | 1993 | 1119 | 617 |
| 农学 | 3546 | 428 | 657 | 1345 | 677 | 439 |
| 林学 | 993 | 77 | 209 | 346 | 233 | 128 |
| 畜牧、兽医科学 | 554 | 13 | 69 | 252 | 190 | 30 |
| 水产学 | 127 | 3 | 35 | 50 | 19 | 20 |
| 医药科学领域 | 762 | 73 | 243 | 312 | 76 | 58 |
| 药学 | 176 | 6 | 89 | 68 | 7 | 6 |
| 中医学与中药学 | 586 | 67 | 154 | 244 | 69 | 52 |
| 工程与技术科学领域 | 5343 | 229 | 1463 | 3014 | 512 | 125 |
| 工程与技术科学基础学科 | 382 | 48 | 112 | 179 | 34 | 9 |
| 信息与系统科学相关工程与技术 | 14 | — | — | 5 | 5 | 4 |
| 自然科学相关工程与技术 | 369 | 9 | 100 | 243 | 17 | — |
| 测绘科学技术 | 1108 | 19 | 369 | 574 | 114 | 32 |
| 材料科学 | 18 | — | 5 | 11 | 2 | — |
| 冶金工程技术 | 34 | — | 3 | 29 | 1 | 1 |
| 动力与电气工程 | 20 | 1 | 3 | 6 | 10 | — |
| 能源科学技术 | 10 | — | — | 2 | 5 | 3 |
| 核科学技术 | 68 | — | 9 | 36 | 23 | — |
| 电子与通信技术 | 76 | 4 | 28 | 35 | 9 | — |
| 计算机科学技术 | 130 | 37 | 59 | 31 | 3 | — |

续表 2-11

| 项目 | 科技活动人员（不含外聘的流动学者和在读研究生） | 学历 | | | | |
| --- | --- | --- | --- | --- | --- | --- |
| | | 博士 | 硕士 | 本科 | 大专 | 其他 |
| 化学工程 | 25 | — | 1 | 12 | 10 | 2 |
| 产品应用相关工程与技术 | 572 | 7 | 174 | 298 | 63 | 30 |
| 纺织科学技术 | 4 | — | — | — | 3 | 1 |
| 食品科学技术 | 305 | 29 | 112 | 127 | 30 | 7 |
| 土木建筑工程 | 91 | 1 | 34 | 49 | 7 | — |
| 水利工程 | 133 | 11 | 66 | 46 | 9 | 1 |
| 交通运输工程 | 97 | 17 | 37 | 39 | 3 | 1 |
| 航空、航天科学技术 | 72 | 5 | 17 | 46 | 4 | — |
| 环境科学技术及资源科学技术 | 869 | 34 | 182 | 537 | 83 | 33 |
| 安全科学技术 | 803 | 2 | 116 | 627 | 58 | — |
| 管理学 | 143 | 5 | 36 | 82 | 19 | 1 |
| 人文与社会科学领域 | 1008 | 95 | 342 | 418 | 110 | 43 |
| 艺术学 | 14 | — | 2 | 11 | 1 | — |
| 考古学 | 193 | 5 | 77 | 75 | 20 | 16 |
| 经济学 | 20 | — | 13 | 7 | — | — |
| 社会学 | 227 | 77 | 110 | 30 | 7 | 3 |
| 图书馆、情报与文献学 | 266 | 2 | 66 | 116 | 65 | 17 |
| 教育学 | 258 | 10 | 58 | 168 | 15 | 7 |
| 体育科学 | 30 | 1 | 16 | 11 | 2 | — |
| **按机构从业人员规模分** | | | | | | |
| ≥1000 人 | 2099 | 68 | 229 | 1214 | 351 | 237 |
| 500~999 人 | 2551 | 14 | 416 | 1708 | 241 | 172 |
| 300~499 人 | 2077 | 48 | 652 | 1130 | 135 | 112 |
| 200~299 人 | 1402 | 427 | 525 | 338 | 62 | 50 |
| 100~199 人 | 2736 | 202 | 855 | 1095 | 362 | 222 |
| 50~99 人 | 3303 | 367 | 770 | 1432 | 522 | 212 |
| 30~49 人 | 1408 | 48 | 234 | 674 | 333 | 119 |
| 20~29 人 | 639 | 12 | 93 | 319 | 158 | 57 |
| 10~19 人 | 527 | 8 | 54 | 253 | 150 | 62 |
| 0~9 人 | 205 | 14 | 33 | 77 | 57 | 24 |

## 表 2-12 科技活动人员按职称分

计量单位：人

| 项目 | 科技活动人员（不含外聘的流动学者和在读研究生） | 职称 | | | |
|---|---|---|---|---|---|
| | | 高级职称 | 中级职称 | 初级职称 | 其他 |
| **总计** | 16947 | 5057 | 6030 | 2695 | 3165 |
| **按机构所属地域分布** | | | | | |
| 全省 | 16947 | 5057 | 6030 | 2695 | 3165 |
| 长沙市 | 11404 | 3962 | 4068 | 1480 | 1894 |
| 株洲市 | 94 | 31 | 20 | 13 | 30 |
| 湘潭市 | 707 | 137 | 278 | 111 | 181 |
| 衡阳市 | 305 | 68 | 89 | 42 | 106 |
| 邵阳市 | 238 | 53 | 90 | 53 | 42 |
| 岳阳市 | 380 | 76 | 133 | 76 | 95 |
| 常德市 | 537 | 125 | 163 | 106 | 143 |
| 张家界市 | 38 | 9 | 15 | 5 | 9 |
| 益阳市 | 206 | 26 | 61 | 60 | 59 |
| 郴州市 | 861 | 229 | 381 | 199 | 52 |
| 永州市 | 789 | 79 | 258 | 194 | 258 |
| 怀化市 | 977 | 159 | 300 | 277 | 241 |
| 娄底市 | 171 | 55 | 64 | 23 | 29 |
| 湘西州 | 240 | 48 | 110 | 56 | 26 |
| **按机构所属隶属关系分布** | | | | | |
| 中央部门属 | 731 | 308 | 227 | 82 | 114 |
| 中国科学院 | 242 | 120 | 82 | 21 | 19 |
| 非中央部门属 | 16216 | 4749 | 5803 | 2613 | 3051 |
| 省级部门属 | 10643 | 3670 | 3897 | 1427 | 1649 |
| 地市级部门属 | 3678 | 843 | 1273 | 666 | 896 |
| **按机构从事的国民经济行业分布** | | | | | |
| 科学研究和技术服务业 | 16947 | 5057 | 6030 | 2695 | 3165 |
| 研究和试验发展 | 7306 | 2482 | 2470 | 923 | 1431 |
| 专业技术服务业 | 7596 | 2314 | 2928 | 1304 | 1050 |
| 科技推广和应用服务业 | 2045 | 261 | 632 | 468 | 684 |
| **按机构服务的国民经济行业分布** | | | | | |
| 农、林、牧、渔业 | 3604 | 1159 | 1242 | 522 | 681 |
| 农业 | 1987 | 706 | 667 | 250 | 364 |

续表 2-12

| 项目 | 科技活动人员（不含外聘的流动学者和在读研究生） | 职称 | | | |
|---|---|---|---|---|---|
| | | 高级职称 | 中级职称 | 初级职称 | 其他 |
| 林业 | 786 | 191 | 283 | 110 | 202 |
| 畜牧业 | 93 | 51 | 30 | 12 | — |
| 渔业 | 107 | 28 | 43 | 19 | 17 |
| 农、林、牧、渔专业及辅助性活动 | 631 | 183 | 219 | 131 | 98 |
| 采矿业 | 178 | 88 | 67 | 20 | 3 |
| 开采专业及辅助性活动 | 102 | 48 | 41 | 12 | 1 |
| 其他采矿业 | 76 | 40 | 26 | 8 | 2 |
| 制造业 | 476 | 111 | 138 | 101 | 126 |
| 农副食品加工业 | 58 | 19 | 22 | 7 | 10 |
| 食品制造业 | 51 | 6 | 15 | 15 | 15 |
| 纺织业 | 4 | — | 3 | — | 1 |
| 化学原料和化学制品制造业 | 80 | 15 | 23 | 26 | 16 |
| 医药制造业 | 139 | 46 | 46 | 44 | 3 |
| 专用设备制造业 | 32 | 4 | 15 | 6 | 7 |
| 汽车制造业 | 97 | 20 | 9 | 2 | 66 |
| 计算机、通信和其他电子设备制造业 | 15 | 1 | 5 | 1 | 8 |
| 电力、热力、燃气及水生产和供应业 | 20 | 1 | 2 | 7 | 10 |
| 电力、热力生产和供应业 | 20 | 1 | 2 | 7 | 10 |
| 建筑业 | 77 | 25 | 35 | 14 | 3 |
| 土木工程建筑业 | 77 | 25 | 35 | 14 | 3 |
| 信息传输、软件和信息技术服务业 | 116 | 7 | 35 | 3 | 71 |
| 软件和信息技术服务业 | 116 | 7 | 35 | 3 | 71 |
| 科学研究和技术服务业 | 16947 | 5057 | 6030 | 2695 | 3165 |
| 研究和试验发展 | 7306 | 2482 | 2470 | 923 | 1431 |
| 专业技术服务业 | 7596 | 2314 | 2928 | 1304 | 1050 |
| 科技推广和应用服务业 | 2045 | 261 | 632 | 468 | 684 |
| 水利、环境和公共设施管理业 | 811 | 243 | 367 | 115 | 86 |
| 水利管理业 | 222 | 58 | 95 | 20 | 49 |
| 生态保护和环境治理业 | 589 | 185 | 272 | 95 | 37 |
| 教育 | 101 | 60 | 17 | 14 | 10 |
| 教育 | 101 | 60 | 17 | 14 | 10 |

续表 2-12

| 项目 | 科技活动人员（不含外聘的流动学者和在读研究生） | 职称 | | | |
| --- | --- | --- | --- | --- | --- |
| | | 高级职称 | 中级职称 | 初级职称 | 其他 |
| 文化、体育和娱乐业 | 44 | 11 | 16 | 11 | 6 |
| 文化艺术业 | 14 | 3 | 8 | 3 | — |
| 体育 | 30 | 8 | 8 | 8 | 6 |
| **按机构所属学科分布** | | | | | |
| 自然科学领域 | 4614 | 1638 | 1749 | 526 | 701 |
| 数学 | 116 | 7 | 35 | 3 | 71 |
| 信息科学与系统科学 | 157 | 48 | 51 | 13 | 45 |
| 化学 | 190 | 42 | 45 | 36 | 67 |
| 天文学 | 63 | 20 | 28 | 6 | 9 |
| 地球科学 | 3657 | 1317 | 1449 | 417 | 474 |
| 生物学 | 431 | 204 | 141 | 51 | 35 |
| 农业科学领域 | 5220 | 1397 | 1754 | 889 | 1180 |
| 农学 | 3546 | 992 | 1161 | 568 | 825 |
| 林学 | 993 | 259 | 356 | 144 | 234 |
| 畜牧、兽医科学 | 554 | 117 | 190 | 155 | 92 |
| 水产学 | 127 | 29 | 47 | 22 | 29 |
| 医药科学领域 | 762 | 294 | 251 | 88 | 129 |
| 药学 | 176 | 56 | 60 | 53 | 7 |
| 中医学与中药学 | 586 | 238 | 191 | 35 | 122 |
| 工程与技术科学领域 | 5343 | 1369 | 1963 | 1015 | 996 |
| 工程与技术科学基础学科 | 382 | 78 | 79 | 29 | 196 |
| 信息与系统科学相关工程与技术 | 14 | — | 2 | 8 | 4 |
| 自然科学相关工程与技术 | 369 | 93 | 173 | 103 | — |
| 测绘科学技术 | 1108 | 344 | 460 | 170 | 134 |
| 材料科学 | 18 | 2 | 6 | 7 | 3 |
| 冶金工程技术 | 34 | 9 | 13 | 11 | 1 |
| 动力与电气工程 | 20 | 1 | 2 | 7 | 10 |
| 能源科学技术 | 10 | — | 3 | 7 | — |
| 核科学技术 | 68 | 14 | 24 | 20 | 10 |
| 电子与通信技术 | 76 | 24 | 25 | 2 | 25 |
| 计算机科学技术 | 130 | 29 | 41 | 8 | 52 |

续表 2-12

| 项目 | 科技活动人员（不含外聘的流动学者和在读研究生） | 职称 | | | |
|---|---|---|---|---|---|
| | | 高级职称 | 中级职称 | 初级职称 | 其他 |
| 化学工程 | 25 | 5 | 5 | 7 | 8 |
| 产品应用相关工程与技术 | 572 | 82 | 199 | 110 | 181 |
| 纺织科学技术 | 4 | — | 3 | — | 1 |
| 食品科学技术 | 305 | 71 | 94 | 72 | 68 |
| 土木建筑工程 | 91 | 27 | 43 | 18 | 3 |
| 水利工程 | 133 | 41 | 67 | 10 | 15 |
| 交通运输工程 | 97 | 20 | 9 | 2 | 66 |
| 航空、航天科学技术 | 72 | 5 | 21 | 36 | 10 |
| 环境科学技术及资源科学技术 | 869 | 358 | 308 | 119 | 84 |
| 安全科学技术 | 803 | 153 | 341 | 239 | 70 |
| 管理学 | 143 | 13 | 45 | 30 | 55 |
| 人文与社会科学领域 | 1008 | 359 | 313 | 177 | 159 |
| 艺术学 | 14 | 3 | 8 | 3 | — |
| 考古学 | 193 | 41 | 36 | 64 | 52 |
| 经济学 | 20 | 9 | 11 | — | — |
| 社会学 | 227 | 83 | 91 | 38 | 15 |
| 图书馆、情报与文献学 | 266 | 53 | 99 | 45 | 69 |
| 教育学 | 258 | 162 | 60 | 19 | 17 |
| 体育科学 | 30 | 8 | 8 | 8 | 6 |
| **按机构从业人员规模分** | | | | | |
| ≥1000 人 | 2099 | 757 | 762 | 219 | 361 |
| 500~999 人 | 2551 | 752 | 984 | 418 | 397 |
| 300~499 人 | 2077 | 698 | 853 | 317 | 209 |
| 200~299 人 | 1402 | 532 | 483 | 96 | 291 |
| 100~199 人 | 2736 | 811 | 865 | 462 | 598 |
| 50~99 人 | 3303 | 1003 | 1081 | 522 | 697 |
| 30~49 人 | 1408 | 280 | 504 | 311 | 313 |
| 20~29 人 | 639 | 126 | 235 | 170 | 108 |
| 10~19 人 | 527 | 67 | 200 | 151 | 109 |
| 0~9 人 | 205 | 31 | 63 | 29 | 82 |

## 表 2-13　经费收入

计量单位：万元

| 项目 | 经费收入总额 | 科技活动收入 | 生产经营活动收入 | 其他收入 |
|---|---|---|---|---|
| **总计** | 1223524 | 731763 | 271867 | 219895 |
| **按机构所属地域分布** | | | | |
| 全省 | 1223524 | 731763 | 271867 | 219895 |
| 长沙市 | 1016500 | 556377 | 259933 | 200190 |
| 株洲市 | 2965 | 2803 | 9 | 154 |
| 湘潭市 | 20485 | 19198 | 104 | 1183 |
| 衡阳市 | 10869 | 10313 | 42 | 514 |
| 邵阳市 | 7995 | 7334 | 106 | 555 |
| 岳阳市 | 15066 | 12024 | 2520 | 523 |
| 常德市 | 20833 | 18324 | 116 | 2393 |
| 张家界市 | 863 | 718 | 145 | — |
| 益阳市 | 6105 | 5029 | 534 | 543 |
| 郴州市 | 50241 | 42770 | 3256 | 4215 |
| 永州市 | 36148 | 26111 | 4342 | 5695 |
| 怀化市 | 26588 | 22397 | 742 | 3449 |
| 娄底市 | 1802 | 1690 | 19 | 93 |
| 湘西州 | 7064 | 6675 | — | 389 |
| **按机构所属隶属关系分布** | | | | |
| 中央部门属 | 77358 | 49237 | 23441 | 4680 |
| 中国科学院 | 20606 | 20037 | 181 | 388 |
| 非中央部门属 | 1146166 | 682525 | 248426 | 215215 |
| 省级部门属 | 943964 | 506354 | 234870 | 202740 |
| 地市级部门属 | 131229 | 120448 | 4005 | 6776 |
| **按机构从事的国民经济行业分布** | | | | |
| 科学研究和技术服务业 | 1223524 | 731763 | 271867 | 219895 |
| 研究和试验发展 | 515936 | 398723 | 23444 | 93768 |
| 专业技术服务业 | 632047 | 272451 | 240975 | 118622 |
| 科技推广和应用服务业 | 75541 | 60588 | 7448 | 7505 |
| **按机构服务的国民经济行业分布** | | | | |
| 农、林、牧、渔业 | 202741 | 165089 | 28136 | 9517 |
| 农业 | 111318 | 103731 | 682 | 6904 |

续表 2-13

| 项目 | 经费收入总额 | 科技活动收入 | 生产经营活动收入 | 其他收入 |
|---|---|---|---|---|
| 林业 | 58374 | 31029 | 26537 | 808 |
| 畜牧业 | 4988 | 4105 | 70 | 813 |
| 渔业 | 6120 | 5962 | 107 | 52 |
| 农、林、牧、渔专业及辅助性活动 | 21942 | 20262 | 739 | 941 |
| 采矿业 | 29584 | 2415 | 6081 | 21088 |
| 开采专业及辅助性活动 | 28931 | 2163 | 5690 | 21078 |
| 其他采矿业 | 653 | 252 | 391 | 10 |
| 制造业 | 20639 | 17802 | 1180 | 1658 |
| 农副食品加工业 | 2438 | 2394 | — | 44 |
| 食品制造业 | 1603 | 1594 | — | 9 |
| 纺织业 | 19 | 19 | — | — |
| 化学原料和化学制品制造业 | 3263 | 1157 | 1180 | 926 |
| 医药制造业 | 10205 | 9637 | — | 569 |
| 专用设备制造业 | 613 | 613 | — | — |
| 汽车制造业 | 824 | 725 | — | 98 |
| 计算机、通信和其他电子设备制造业 | 1675 | 1663 | — | 12 |
| 电力、热力、燃气及水生产和供应业 | 141 | 141 | — | — |
| 电力、热力生产和供应业 | 141 | 141 | — | — |
| 建筑业 | 3298 | 2898 | — | 399 |
| 土木工程建筑业 | 3298 | 2898 | — | 399 |
| 信息传输、软件和信息技术服务业 | 7295 | 7237 | — | 58 |
| 软件和信息技术服务业 | 7295 | 7237 | — | 58 |
| 科学研究和技术服务业 | 1223524 | 731763 | 271867 | 219895 |
| 研究和试验发展 | 515936 | 398723 | 23444 | 93768 |
| 专业技术服务业 | 632047 | 272451 | 240975 | 118622 |
| 科技推广和应用服务业 | 75541 | 60588 | 7448 | 7505 |
| 水利、环境和公共设施管理业 | 51081 | 45172 | 280 | 5629 |
| 水利管理业 | 12313 | 9804 | — | 2509 |
| 生态保护和环境治理业 | 38769 | 35368 | 280 | 3121 |
| 教育 | 4284 | 3829 | — | 455 |
| 教育 | 4284 | 3829 | — | 455 |

续表 2-13

| 项目 | 经费收入总额 | 科技活动收入 | 生产经营活动收入 | 其他收入 |
|---|---|---|---|---|
| 文化、体育和娱乐业 | 1540 | 1298 | — | 243 |
| 　文化艺术业 | 424 | 332 | — | 92 |
| 　体育 | 1116 | 966 | — | 151 |
| **按机构所属学科分布** | | | | |
| 自然科学领域 | 355287 | 176687 | 89750 | 88850 |
| 　数学 | 7295 | 7237 | — | 58 |
| 　信息科学与系统科学 | 4795 | 4646 | 52 | 97 |
| 　化学 | 8339 | 6278 | 1161 | 900 |
| 　天文学 | 677 | 677 | — | — |
| 　地球科学 | 307756 | 131707 | 88537 | 87512 |
| 　生物学 | 26425 | 26142 | — | 283 |
| 农业科学领域 | 332305 | 261807 | 51583 | 18916 |
| 　农学 | 213036 | 192380 | 5053 | 15603 |
| 　林学 | 88329 | 42898 | 44399 | 1032 |
| 　畜牧、兽医科学 | 24082 | 20371 | 1503 | 2208 |
| 　水产学 | 6859 | 6158 | 629 | 73 |
| 医药科学领域 | 111871 | 31385 | 5600 | 74887 |
| 　药学 | 12049 | 11455 | — | 594 |
| 　中医学与中药学 | 99823 | 19930 | 5600 | 74293 |
| 工程与技术科学领域 | 372371 | 214286 | 124826 | 33258 |
| 　工程与技术科学基础学科 | 27727 | 26174 | 69 | 1484 |
| 　信息与系统科学相关工程与技术 | 279 | 279 | — | — |
| 　自然科学相关工程与技术 | 28349 | 17793 | 9535 | 1021 |
| 　测绘科学技术 | 115425 | 48463 | 54320 | 12643 |
| 　材料科学 | 434 | 412 | — | 22 |
| 　冶金工程技术 | 5107 | 510 | 4195 | 402 |
| 　动力与电气工程 | 141 | 141 | — | — |
| 　能源科学技术 | 85 | 40 | 19 | 26 |
| 　核科学技术 | 5871 | 5197 | 165 | 510 |
| 　电子与通信技术 | 3437 | 3311 | — | 126 |
| 　计算机科学技术 | 7853 | 7853 | — | — |

续表 2-13

| 项目 | 经费收入总额 | 科技活动收入 | 生产经营活动收入 | 其他收入 |
|---|---|---|---|---|
| 化学工程 | 620 | 620 | — | — |
| 产品应用相关工程与技术 | 21071 | 21071 | — | — |
| 纺织科学技术 | 19 | 19 | — | — |
| 食品科学技术 | 14736 | 13901 | 116 | 719 |
| 土木建筑工程 | 3574 | 3154 | — | 419 |
| 水利工程 | 9362 | 9257 | — | 105 |
| 交通运输工程 | 824 | 725 | — | 98 |
| 航空、航天科学技术 | 4826 | 2333 | 2493 | — |
| 环境科学技术及资源科学技术 | 85012 | 32150 | 38067 | 14794 |
| 安全科学技术 | 30916 | 15158 | 15758 | — |
| 管理学 | 6705 | 5725 | 90 | 889 |
| 人文与社会科学领域 | | | | |
| 艺术学 | 424 | 332 | — | 92 |
| 考古学 | 12119 | 12011 | — | 108 |
| 经济学 | 2265 | 1741 | — | 524 |
| 社会学 | 10192 | 9119 | — | 1073 |
| 图书馆、情报与文献学 | 11721 | 11181 | 108 | 432 |
| 教育学 | 13853 | 12248 | — | 1605 |
| 体育科学 | 1116 | 966 | — | 151 |
| 按机构从业人员规模分 | | | | |
| ≥1000 人 | 223609 | 71173 | 22246 | 130190 |
| 500~999 人 | 190791 | 70414 | 96404 | 23973 |
| 300~499 人 | 230279 | 96595 | 106133 | 27552 |
| 200~299 人 | 113469 | 98490 | 11049 | 3930 |
| 100~199 人 | 185848 | 152986 | 20725 | 12136 |
| 50~99 人 | 150770 | 134000 | 3797 | 12974 |
| 30~49 人 | 55045 | 40371 | 9147 | 5527 |
| 20~29 人 | 20174 | 18286 | 554 | 1335 |
| 10~19 人 | 46633 | 42961 | 1529 | 2143 |
| 0~9 人 | 6907 | 6487 | 285 | 136 |

## 表 2-14 科技活动政府资金收入

计量单位：万元

| 项目 | 科技活动收入 | 政府资金 | 财政拨款 | 承担政府科研项目收入 | 其他 |
|---|---|---|---|---|---|
| **总计** | 731763 | 602256 | 489609 | 78579 | 34068 |
| **按机构所属地域分布** | | | | | |
| 全省 | 731763 | 602256 | 489609 | 78579 | 34068 |
| 长沙市 | 556377 | 446367 | 350614 | 70488 | 25265 |
| 株洲市 | 2803 | 2792 | 2480 | 237 | 75 |
| 湘潭市 | 19198 | 13328 | 11907 | 1190 | 231 |
| 衡阳市 | 10313 | 10289 | 9269 | 855 | 165 |
| 邵阳市 | 7334 | 7194 | 5289 | 375 | 1530 |
| 岳阳市 | 12024 | 10318 | 8060 | 276 | 1982 |
| 常德市 | 18324 | 18219 | 17109 | 544 | 566 |
| 张家界市 | 718 | 718 | 583 | 135 | — |
| 益阳市 | 5029 | 5007 | 4742 | 218 | 46 |
| 郴州市 | 42770 | 35766 | 29823 | 1814 | 4129 |
| 永州市 | 26111 | 22955 | 22527 | 386 | 43 |
| 怀化市 | 22397 | 21826 | 20151 | 1638 | 37 |
| 娄底市 | 1690 | 1469 | 1303 | 166 | — |
| 湘西州 | 6675 | 6009 | 5752 | 257 | — |
| **按机构所属隶属关系分布** | | | | | |
| 中央部门属 | 49237 | 33599 | 25365 | 6171 | 2063 |
| 中国科学院 | 20037 | 17320 | 10478 | 4779 | 2063 |
| 非中央部门属 | 682525 | 568657 | 464244 | 72409 | 32005 |
| 省级部门属 | 506354 | 423058 | 333145 | 63082 | 26831 |
| 地市级部门属 | 120448 | 95111 | 86389 | 5967 | 2755 |
| **按机构从事的国民经济行业分布** | | | | | |
| 科学研究和技术服务业 | 731763 | 602256 | 489609 | 78579 | 34068 |
| 研究和试验发展 | 398723 | 319114 | 233868 | 58586 | 26660 |
| 专业技术服务业 | 272451 | 227606 | 203612 | 18051 | 5944 |
| 科技推广和应用服务业 | 60588 | 55536 | 52129 | 1943 | 1464 |
| **按机构服务的国民经济行业分布** | | | | | |
| 农、林、牧、渔业 | 165089 | 137712 | 97115 | 31215 | 9382 |
| 农业 | 103731 | 84935 | 56976 | 19638 | 8321 |

续表 2-14

| 项目 | 科技活动收入 | 政府资金 | 财政拨款 | 承担政府科研项目收入 | 其他 |
|---|---|---|---|---|---|
| 林业 | 31029 | 28013 | 20946 | 6893 | 174 |
| 畜牧业 | 4105 | 3305 | 1963 | 562 | 780 |
| 渔业 | 5962 | 4612 | 2366 | 2245 | — |
| 农、林、牧、渔专业及辅助性活动 | 20262 | 16847 | 14864 | 1876 | 108 |
| 采矿业 | 2415 | 1202 | 605 | 597 | — |
| 开采专业及辅助性活动 | 2163 | 1057 | 525 | 532 | — |
| 其他采矿业 | 252 | 145 | 80 | 65 | — |
| 制造业 | 17802 | 16334 | 14081 | 917 | 1336 |
| 农副食品加工业 | 2394 | 1468 | 908 | 560 | — |
| 食品制造业 | 1594 | 1548 | 1539 | — | 9 |
| 纺织业 | 19 | 19 | 19 | — | — |
| 化学原料和化学制品制造业 | 1157 | 1117 | 635 | 221 | 261 |
| 医药制造业 | 9637 | 9637 | 9588 | 49 | — |
| 专用设备制造业 | 613 | 613 | 613 | — | — |
| 汽车制造业 | 725 | 280 | 280 | — | — |
| 计算机、通信和其他电子设备制造业 | 1663 | 1653 | 500 | 87 | 1066 |
| 电力、热力、燃气及水生产和供应业 | 141 | 141 | 141 | — | — |
| 电力、热力生产和供应业 | 141 | 141 | 141 | — | — |
| 建筑业 | 2898 | 2898 | 2898 | — | — |
| 土木工程建筑业 | 2898 | 2898 | 2898 | — | — |
| 信息传输、软件和信息技术服务业 | 7237 | 6800 | 6800 | — | — |
| 软件和信息技术服务业 | 7237 | 6800 | 6800 | — | — |
| 科学研究和技术服务业 | 731763 | 602256 | 489609 | 78579 | 34068 |
| 研究和试验发展 | 398723 | 319114 | 233868 | 58586 | 26660 |
| 专业技术服务业 | 272451 | 227606 | 203612 | 18051 | 5944 |
| 科技推广和应用服务业 | 60588 | 55536 | 52129 | 1943 | 1464 |
| 水利、环境和公共设施管理业 | 45172 | 36365 | 26090 | 9582 | 692 |
| 水利管理业 | 9804 | 3331 | 2251 | 1077 | 3 |
| 生态保护和环境治理业 | 35368 | 33034 | 23839 | 8505 | 689 |
| 教育 | 3829 | 3829 | 3829 | — | — |
| 教育 | 3829 | 3829 | 3829 | — | — |

续表 2-14

| 项目 | 科技活动收入 | 政府资金 | 财政拨款 | 承担政府科研项目收入 | 其他 |
|---|---|---|---|---|---|
| 文化、体育和娱乐业 | 1298 | 1298 | 1298 | — | — |
| 文化艺术业 | 332 | 332 | 332 | — | — |
| 体育 | 966 | 966 | 966 | — | — |
| **按机构所属学科分布** | | | | | |
| 自然科学领域 | 176687 | 155962 | 129751 | 19611 | 6599 |
| 数学 | 7237 | 6800 | 6800 | — | — |
| 信息科学与系统科学 | 4646 | 3717 | 3626 | 91 | — |
| 化学 | 6278 | 3279 | 2817 | 236 | 226 |
| 天文学 | 677 | 10 | 10 | — | — |
| 地球科学 | 131707 | 118970 | 100995 | 13665 | 4310 |
| 生物学 | 26142 | 23187 | 15504 | 5620 | 2063 |
| 农业科学领域 | 261807 | 224747 | 180480 | 36209 | 8058 |
| 农学 | 192380 | 169553 | 137403 | 25216 | 6934 |
| 林学 | 42898 | 31647 | 24580 | 6893 | 174 |
| 畜牧、兽医科学 | 20371 | 18741 | 15937 | 1855 | 950 |
| 水产学 | 6158 | 4805 | 2560 | 2245 | — |
| 医药科学领域 | 31385 | 29942 | 26437 | 3464 | 41 |
| 药学 | 11455 | 11455 | 11212 | 243 | — |
| 中医学与中药学 | 19930 | 18488 | 15226 | 3221 | 41 |
| 工程与技术科学领域 | 214286 | 152589 | 118791 | 15447 | 18351 |
| 工程与技术科学基础学科 | 26174 | 18455 | 1878 | 1243 | 15334 |
| 信息与系统科学相关工程与技术 | 279 | 279 | 199 | 80 | — |
| 自然科学相关工程与技术 | 17793 | 16863 | 16606 | 257 | — |
| 测绘科学技术 | 48463 | 23148 | 21047 | 2101 | — |
| 材料科学 | 412 | 412 | 412 | — | — |
| 冶金工程技术 | 510 | — | — | — | — |
| 动力与电气工程 | 141 | 141 | 141 | — | — |
| 能源科学技术 | 40 | — | — | — | — |
| 核科学技术 | 5197 | 2567 | 2567 | — | — |
| 电子与通信技术 | 3311 | 2076 | 923 | 87 | 1066 |
| 计算机科学技术 | 7853 | 6093 | 5993 | — | 100 |

续表 2-14

| 项目 | 科技活动收入 | 政府资金 | 财政拨款 | 承担政府科研项目收入 | 其他 |
|---|---|---|---|---|---|
| 化学工程 | 620 | 620 | 585 | — | 35 |
| 产品应用相关工程与技术 | 21071 | 12824 | 12737 | 87 | — |
| 纺织科学技术 | 19 | 19 | 19 | — | — |
| 食品科学技术 | 13901 | 12618 | 11428 | 627 | 563 |
| 土木建筑工程 | 3154 | 3154 | 3154 | — | — |
| 水利工程 | 9257 | 2784 | 1703 | 1077 | 3 |
| 交通运输工程 | 725 | 280 | 280 | — | — |
| 航空、航天科学技术 | 2333 | 1127 | 1127 | — | — |
| 环境科学技术及资源科学技术 | 32150 | 28379 | 18523 | 8682 | 1174 |
| 安全科学技术 | 15158 | 15158 | 15132 | 26 | — |
| 管理学 | 5725 | 5594 | 4337 | 1180 | 77 |
| 人文与社会科学领域 | 47598 | 39017 | 34150 | 3848 | 1019 |
| 艺术学 | 332 | 332 | 332 | — | — |
| 考古学 | 12011 | 5130 | 3640 | 1490 | — |
| 经济学 | 1741 | 1569 | 1569 | — | — |
| 社会学 | 9119 | 9119 | 8662 | 457 | — |
| 图书馆、情报与文献学 | 11181 | 9653 | 6733 | 1901 | 1018 |
| 教育学 | 12248 | 12248 | 12248 | — | — |
| 体育科学 | 966 | 966 | 966 | — | — |
| **按机构从业人员规模分** | | | | | |
| ≥1000 人 | 71173 | 63721 | 51947 | 7775 | 3999 |
| 500~999 人 | 70414 | 62004 | 58028 | 3976 | — |
| 300~499 人 | 96595 | 69106 | 60765 | 7340 | 1001 |
| 200~299 人 | 98490 | 77090 | 33160 | 26110 | 17819 |
| 100~199 人 | 152986 | 112422 | 94965 | 13024 | 4433 |
| 50~99 人 | 134000 | 116431 | 98141 | 13980 | 4310 |
| 30~49 人 | 40371 | 35546 | 30276 | 4200 | 1071 |
| 20~29 人 | 18286 | 17687 | 16213 | 1323 | 151 |
| 10~19 人 | 42961 | 41997 | 41358 | 558 | 82 |
| 0~9 人 | 6487 | 6253 | 4757 | 294 | 1202 |

## 表 2-15 科技活动非政府资金收入

计量单位：万元

| 项目 | 科技活动收入 | 非政府资金 | 技术性收入 | 国外资金 |
|---|---|---|---|---|
| **总计** | 731763 | 129506 | 118689 | 4240 |
| **按机构所属地域分布** | | | | |
| 全省 | 731763 | 129506 | 118689 | 4240 |
| 长沙市 | 556377 | 110010 | 100701 | 4122 |
| 株洲市 | 2803 | 11 | 11 | — |
| 湘潭市 | 19198 | 5870 | 5630 | — |
| 衡阳市 | 10313 | 25 | 25 | — |
| 邵阳市 | 7334 | 140 | 130 | — |
| 岳阳市 | 12024 | 1706 | 1206 | — |
| 常德市 | 18324 | 105 | 89 | — |
| 张家界市 | 718 | — | — | — |
| 益阳市 | 5029 | 22 | 20 | — |
| 郴州市 | 42770 | 7004 | 6312 | 118 |
| 永州市 | 26111 | 3156 | 3108 | — |
| 怀化市 | 22397 | 571 | 571 | — |
| 娄底市 | 1690 | 221 | 221 | — |
| 湘西州 | 6675 | 667 | 667 | — |
| **按机构所属隶属关系分布** | | | | |
| 中央部门属 | 49237 | 15638 | 13117 | — |
| 中国科学院 | 20037 | 2717 | 2667 | — |
| 非中央部门属 | 682525 | 113868 | 105572 | 4240 |
| 省级部门属 | 506354 | 83296 | 76860 | 4240 |
| 地市级部门属 | 120448 | 25338 | 24047 | — |
| **按机构从事的国民经济行业分布** | | | | |
| 科学研究和技术服务业 | 731763 | 129506 | 118689 | 4240 |
| 研究和试验发展 | 398723 | 79610 | 72424 | 4122 |
| 专业技术服务业 | 272451 | 44845 | 42135 | 118 |
| 科技推广和应用服务业 | 60588 | 5052 | 4130 | |
| **按机构服务的国民经济行业分布** | | | | |
| 农、林、牧、渔业 | 165089 | 27377 | 20336 | 4122 |
| 农业 | 103731 | 18796 | 15238 | 4122 |

续表 2-15

| 项目 | 科技活动收入 | 非政府资金 | 技术性收入 | 国外资金 |
|---|---|---|---|---|
| 林业 | 31029 | 3016 | 249 | — |
| 畜牧业 | 4105 | 800 | 400 | — |
| 渔业 | 5962 | 1350 | 1350 | — |
| 农、林、牧、渔专业及辅助性活动 | 20262 | 3415 | 3099 | — |
| 采矿业 | 2415 | 1213 | 1213 | — |
| 开采专业及辅助性活动 | 2163 | 1106 | 1106 | — |
| 其他采矿业 | 252 | 107 | 107 | — |
| 制造业 | 17802 | 1468 | 1115 | — |
| 农副食品加工业 | 2394 | 926 | 926 | — |
| 食品制造业 | 1594 | 46 | 46 | — |
| 纺织业 | 19 | — | — | — |
| 化学原料和化学制品制造业 | 1157 | 40 | 40 | — |
| 医药制造业 | 9637 | — | — | — |
| 专用设备制造业 | 613 | — | — | — |
| 汽车制造业 | 725 | 445 | 93 | — |
| 计算机、通信和其他电子设备制造业 | 1663 | 10 | 10 | — |
| 电力、热力、燃气及水生产和供应业 | 141 | — | — | — |
| 电力、热力生产和供应业 | 141 | — | — | — |
| 建筑业 | 2898 | — | — | — |
| 土木工程建筑业 | 2898 | — | — | — |
| 信息传输、软件和信息技术服务业 | 7237 | 437 | 437 | — |
| 软件和信息技术服务业 | 7237 | 437 | 437 | — |
| 科学研究和技术服务业 | 731763 | 129506 | 118689 | 4240 |
| 研究和试验发展 | 398723 | 79610 | 72424 | 4122 |
| 专业技术服务业 | 272451 | 44845 | 42135 | 118 |
| 科技推广和应用服务业 | 60588 | 5052 | 4130 | — |
| 水利、环境和公共设施管理业 | 45172 | 8808 | 8808 | — |
| 水利管理业 | 9804 | 6473 | 6473 | — |
| 生态保护和环境治理业 | 35368 | 2335 | 2335 | — |
| 教育 | 3829 | — | — | — |
| 教育 | 3829 | — | — | — |

续表 2-15

| 项目 | 科技活动收入 | 非政府资金 | 技术性收入 | 国外资金 |
|---|---|---|---|---|
| 文化、体育和娱乐业 | 1298 | — | — | — |
| 　文化艺术业 | 332 | — | — | — |
| 　体育 | 966 | — | — | — |
| **按机构所属学科分布** | | | | |
| 　自然科学领域 | 176687 | 20725 | 17432 | 118 |
| 　　数学 | 7237 | 437 | 437 | — |
| 　　信息科学与系统科学 | 4646 | 929 | 929 | — |
| 　　化学 | 6278 | 2999 | 528 | — |
| 　　天文学 | 677 | 667 | 667 | — |
| 　　地球科学 | 131707 | 12737 | 12182 | 118 |
| 　　生物学 | 26142 | 2956 | 2688 | — |
| 　农业科学领域 | 261807 | 37060 | 29888 | 4122 |
| 　　农学 | 192380 | 22827 | 18882 | 4122 |
| 　　林学 | 42898 | 11251 | 8474 | — |
| 　　畜牧、兽医科学 | 20371 | 1630 | 1181 | — |
| 　　水产学 | 6158 | 1353 | 1350 | — |
| 　医药科学领域 | 31385 | 1443 | 1443 | — |
| 　　药学 | 11455 | — | — | — |
| 　　中医学与中药学 | 19930 | 1443 | 1443 | — |
| 　工程与技术科学领域 | 214286 | 61697 | 61345 | — |
| 　　工程与技术科学基础学科 | 26174 | 7719 | 7719 | — |
| 　　信息与系统科学相关工程与技术 | 279 | — | — | — |
| 　　自然科学相关工程与技术 | 17793 | 930 | 930 | — |
| 　　测绘科学技术 | 48463 | 25315 | 25315 | — |
| 　　材料科学 | 412 | — | — | — |
| 　　冶金工程技术 | 510 | 510 | 510 | — |
| 　　动力与电气工程 | 141 | — | — | — |
| 　　能源科学技术 | 40 | 40 | 40 | — |
| 　　核科学技术 | 5197 | 2630 | 2630 | — |
| 　　电子与通信技术 | 3311 | 1235 | 1235 | — |
| 　　计算机科学技术 | 7853 | 1760 | 1760 | — |

续表 2-15

| 项目 | 科技活动收入 | 非政府资金 | 技术性收入 | 国外资金 |
|---|---|---|---|---|
| 化学工程 | 620 | — | — | — |
| 产品应用相关工程与技术 | 21071 | 8247 | 8247 | — |
| 纺织科学技术 | 19 | — | — | — |
| 食品科学技术 | 13901 | 1284 | 1284 | — |
| 土木建筑工程 | 3154 | — | — | — |
| 水利工程 | 9257 | 6473 | 6473 | — |
| 交通运输工程 | 725 | 445 | 93 | — |
| 航空、航天科学技术 | 2333 | 1206 | 1206 | — |
| 环境科学技术及资源科学技术 | 32150 | 3771 | 3771 | — |
| 安全科学技术 | 15158 | — | — | — |
| 管理学 | 5725 | 132 | 132 | — |
| 人文与社会科学领域 | 47598 | 8582 | 8582 | — |
| 艺术学 | 332 | — | — | — |
| 考古学 | 12011 | 6881 | 6881 | — |
| 经济学 | 1741 | 173 | 173 | — |
| 社会学 | 9119 | — | — | — |
| 图书馆、情报与文献学 | 11181 | 1528 | 1528 | — |
| 教育学 | 12248 | — | — | — |
| 体育科学 | 966 | — | — | — |
| **按机构从业人员规模分** | | | | |
| ≥1000 人 | 71173 | 7452 | 7452 | 118 |
| 500~999 人 | 70414 | 8410 | 8343 | — |
| 300~499 人 | 96595 | 27490 | 27317 | — |
| 200~299 人 | 98490 | 21400 | 18583 | 4122 |
| 100~199 人 | 152986 | 40565 | 36828 | — |
| 50~99 人 | 134000 | 17569 | 13831 | — |
| 30~49 人 | 40371 | 4825 | 4825 | — |
| 20~29 人 | 18286 | 599 | 417 | — |
| 10~19 人 | 42961 | 964 | 858 | — |
| 0~9 人 | 6487 | 234 | 234 | — |

## 表 2-16　经费支出

计量单位：万元

| 项目 | 经费内部支出总额 | 科技经费内部支出 | 生产经营支出 | 其他支出 |
|---|---|---|---|---|
| **总计** | 1197179 | 704536 | 312449 | 180194 |
| **按机构所属地域分布** | | | | |
| 　全省 | 1197179 | 704536 | 312449 | 180194 |
| 　　长沙市 | 983456 | 536090 | 291226 | 156139 |
| 　　株洲市 | 3220 | 2884 | 193 | 143 |
| 　　湘潭市 | 20836 | 19677 | 879 | 280 |
| 　　衡阳市 | 10883 | 8957 | 947 | 980 |
| 　　邵阳市 | 8441 | 5639 | 349 | 2454 |
| 　　岳阳市 | 14308 | 11503 | 1421 | 1384 |
| 　　常德市 | 20387 | 16104 | 2070 | 2212 |
| 　　张家界市 | 923 | 840 | 45 | 38 |
| 　　益阳市 | 6084 | 5540 | 114 | 430 |
| 　　郴州市 | 50923 | 41917 | 3717 | 5289 |
| 　　永州市 | 41737 | 23695 | 10029 | 8014 |
| 　　怀化市 | 26882 | 24561 | 1338 | 983 |
| 　　娄底市 | 2258 | 1913 | 123 | 222 |
| 　　湘西州 | 6842 | 5216 | — | 1627 |
| **按机构所属隶属关系分布** | | | | |
| 　中央部门属 | 70024 | 42365 | 20677 | 6983 |
| 　　中国科学院 | 21338 | 20997 | 21 | 320 |
| 　非中央部门属 | 1127155 | 662170 | 291773 | 173212 |
| 　　省级部门属 | 909256 | 487842 | 268774 | 152640 |
| 　　地市级部门属 | 140205 | 119025 | 8696 | 12485 |
| **按机构从事的国民经济行业分布** | | | | |
| 　科学研究和技术服务业 | 1197179 | 704536 | 312449 | 180194 |
| 　　研究和试验发展 | 470296 | 371890 | 27665 | 70741 |
| 　　专业技术服务业 | 641628 | 273591 | 268740 | 99297 |
| 　　科技推广和应用服务业 | 85255 | 59055 | 16044 | 10156 |
| **按机构服务的国民经济行业分布** | | | | |
| 　农、林、牧、渔业 | 207857 | 161721 | 29930 | 16206 |
| 　　农业 | 115099 | 104715 | 833 | 9551 |

续表 2-16

| 项目 | 经费内部支出总额 | 科技经费内部支出 | 生产经营支出 | 其他支出 |
|---|---|---|---|---|
| 林业 | 60475 | 29108 | 28037 | 3329 |
| 畜牧业 | 4737 | 3441 | 79 | 1217 |
| 渔业 | 5871 | 5392 | 165 | 315 |
| 农、林、牧、渔专业及辅助性活动 | 21676 | 19066 | 816 | 1793 |
| 采矿业 | 29362 | 3704 | 5222 | 20436 |
| 开采专业及辅助性活动 | 27871 | 2816 | 4694 | 20362 |
| 其他采矿业 | 1491 | 888 | 529 | 74 |
| 制造业 | 31777 | 29119 | 459 | 2199 |
| 农副食品加工业 | 2497 | 2497 | — | — |
| 食品制造业 | 3742 | 3223 | 35 | 483 |
| 纺织业 | 40 | 40 | — | — |
| 化学原料和化学制品制造业 | 5490 | 4277 | 349 | 864 |
| 医药制造业 | 9908 | 9097 | — | 811 |
| 专用设备制造业 | 568 | 477 | 51 | 40 |
| 汽车制造业 | 5027 | 5011 | 16 | — |
| 计算机、通信和其他电子设备制造业 | 4505 | 4498 | 7 | — |
| 电力、热力、燃气及水生产和供应业 | 114 | 114 | — | — |
| 电力、热力生产和供应业 | 114 | 114 | — | — |
| 建筑业 | 3298 | 3291 | — | 7 |
| 土木工程建筑业 | 3298 | 3291 | — | 7 |
| 信息传输、软件和信息技术服务业 | 6029 | 5766 | 263 | — |
| 软件和信息技术服务业 | 6029 | 5766 | 263 | — |
| 科学研究和技术服务业 | 1197179 | 704536 | 312449 | 180194 |
| 研究和试验发展 | 470296 | 371890 | 27665 | 70741 |
| 专业技术服务业 | 641628 | 273591 | 268740 | 99297 |
| 科技推广和应用服务业 | 85255 | 59055 | 16044 | 10156 |
| 水利、环境和公共设施管理业 | 48339 | 41507 | 2663 | 4170 |
| 水利管理业 | 10466 | 8868 | 391 | 1207 |
| 生态保护和环境治理业 | 37874 | 32639 | 2272 | 2963 |
| 教育 | 4175 | 3562 | 100 | 513 |
| 教育 | 4175 | 3562 | 100 | 513 |

续表 2-16

| 项目 | 经费内部支出总额 | 科技经费内部支出 | 生产经营支出 | 其他支出 |
|---|---|---|---|---|
| 文化、体育和娱乐业 | 1574 | 1472 | — | 102 |
| 文化艺术业 | 424 | 322 | — | 102 |
| 体育 | 1150 | 1150 | — | — |
| **按机构所属学科分布** | | | | |
| 自然科学领域 | 364513 | 172762 | 120083 | 71669 |
| 数学 | 6029 | 5766 | 263 | — |
| 信息科学与系统科学 | 5002 | 4829 | — | 173 |
| 化学 | 10724 | 9332 | 474 | 918 |
| 天文学 | 677 | 577 | — | 100 |
| 地球科学 | 315265 | 125658 | 119346 | 70261 |
| 生物学 | 26816 | 26600 | — | 216 |
| 农业科学领域 | 305965 | 214902 | 58776 | 32287 |
| 农学 | 185438 | 155139 | 10284 | 20016 |
| 林学 | 86257 | 34379 | 42788 | 9090 |
| 畜牧、兽医科学 | 27592 | 19696 | 5053 | 2842 |
| 水产学 | 6679 | 5689 | 651 | 339 |
| 医药科学领域 | 113341 | 59634 | 8332 | 45375 |
| 药学 | 11631 | 10743 | — | 888 |
| 中医学与中药学 | 101710 | 48892 | 8332 | 44486 |
| 工程与技术科学领域 | 362425 | 211235 | 124814 | 26376 |
| 工程与技术科学基础学科 | 13683 | 13539 | — | 145 |
| 信息与系统科学相关工程与技术 | 279 | 279 | — | — |
| 自然科学相关工程与技术 | 26231 | 21241 | 3973 | 1018 |
| 测绘科学技术 | 125165 | 44697 | 75429 | 5040 |
| 材料科学 | 658 | 587 | — | 71 |
| 冶金工程技术 | 4407 | 510 | 3495 | 402 |
| 动力与电气工程 | 114 | 114 | — | — |
| 能源科学技术 | 85 | 40 | 19 | 26 |
| 核科学技术 | 5871 | 4482 | 938 | 452 |
| 电子与通信技术 | 6723 | 6490 | — | 233 |
| 计算机科学技术 | 2531 | 2524 | 7 | — |

续表 2-16

| 项目 | 经费内部支出总额 | 科技经费内部支出 | 生产经营支出 | 其他支出 |
|---|---|---|---|---|
| 化学工程 | 771 | 756 | — | 15 |
| 产品应用相关工程与技术 | 20722 | 20722 | — | — |
| 纺织科学技术 | 40 | 40 | — | — |
| 食品科学技术 | 17256 | 13002 | 2916 | 1339 |
| 土木建筑工程 | 3558 | 3547 | — | 11 |
| 水利工程 | 7017 | 6112 | 9 | 896 |
| 交通运输工程 | 5027 | 5011 | 16 | — |
| 航空、航天科学技术 | 4955 | 3950 | 1005 | — |
| 环境科学技术及资源科学技术 | 83953 | 38245 | 29754 | 15955 |
| 安全科学技术 | 26688 | 19967 | 6721 | — |
| 管理学 | 6690 | 5381 | 534 | 775 |
| 人文与社会科学领域 | 50936 | 46003 | 445 | 4489 |
| 艺术学 | 424 | 322 | — | 102 |
| 考古学 | 12684 | 12547 | — | 136 |
| 经济学 | 2260 | 1735 | — | 526 |
| 社会学 | 10842 | 9691 | — | 1152 |
| 图书馆、情报与文献学 | 10921 | 9967 | 345 | 610 |
| 教育学 | 12655 | 10591 | 100 | 1963 |
| 体育科学 | 1150 | 1150 | — | — |
| **按机构从业人员规模分** | | | | |
| ≥1000 人 | 234205 | 104034 | 54893 | 75279 |
| 500~999 人 | 189269 | 73413 | 86792 | 29063 |
| 300~499 人 | 236330 | 93862 | 114207 | 28261 |
| 200~299 人 | 96917 | 82292 | 10292 | 4333 |
| 100~199 人 | 179158 | 137268 | 24068 | 17823 |
| 50~99 人 | 156645 | 133160 | 8978 | 14507 |
| 30~49 人 | 57257 | 41228 | 10805 | 5223 |
| 20~29 人 | 20907 | 17383 | 594 | 2930 |
| 10~19 人 | 14757 | 11619 | 1486 | 1651 |
| 0~9 人 | 11735 | 10277 | 334 | 1125 |

## 表 2-17 科技经常日常性支出

计量单位：万元

| 项目 | 科技经费<br>内部支出 | 日常性支出 | 人员劳务费 | 其他日常性<br>支出 |
|---|---|---|---|---|
| **总计** | 704536 | 602579 | 370428 | 232151 |
| **按机构所属地域分布** | | | | |
| 全省 | 704536 | 602579 | 370428 | 232151 |
| 长沙市 | 536090 | 449548 | 270689 | 178859 |
| 株洲市 | 2884 | 2640 | 1853 | 787 |
| 湘潭市 | 19677 | 17182 | 10253 | 6929 |
| 衡阳市 | 8957 | 7990 | 5088 | 2901 |
| 邵阳市 | 5639 | 4854 | 3519 | 1335 |
| 岳阳市 | 11503 | 10814 | 5162 | 5652 |
| 常德市 | 16104 | 14900 | 9704 | 5196 |
| 张家界市 | 840 | 662 | 426 | 236 |
| 益阳市 | 5540 | 5402 | 3555 | 1847 |
| 郴州市 | 41917 | 38501 | 26420 | 12081 |
| 永州市 | 23695 | 20555 | 11689 | 8865 |
| 怀化市 | 24561 | 22623 | 16444 | 6180 |
| 娄底市 | 1913 | 1695 | 1408 | 287 |
| 湘西州 | 5216 | 5214 | 4219 | 995 |
| **按机构所属隶属关系分布** | | | | |
| 中央部门属 | 42365 | 38040 | 23679 | 14361 |
| 中国科学院 | 20997 | 18214 | 10526 | 7688 |
| 非中央部门属 | 662170 | 564539 | 346749 | 217790 |
| 省级部门属 | 487842 | 415210 | 247198 | 168012 |
| 地市级部门属 | 119025 | 104681 | 72624 | 32057 |
| **按机构从事的国民经济行业分布** | | | | |
| 科学研究和技术服务业 | 704536 | 602579 | 370428 | 232151 |
| 研究和试验发展 | 371890 | 333854 | 194011 | 139843 |
| 专业技术服务业 | 273591 | 219293 | 146966 | 72326 |
| 科技推广和应用服务业 | 59055 | 49433 | 29451 | 19982 |
| **按机构服务的国民经济行业分布** | | | | |
| 农、林、牧、渔业 | 161721 | 144667 | 89098 | 55569 |
| 农业 | 104715 | 93219 | 55994 | 37225 |

续表 2-17

| 项目 | 科技经费内部支出 | 日常性支出 | | |
| --- | --- | --- | --- | --- |
| | | | 人员劳务费 | 其他日常性支出 |
| 林业 | 29108 | 26033 | 15363 | 10671 |
| 畜牧业 | 3441 | 2469 | 1875 | 594 |
| 渔业 | 5392 | 4760 | 2551 | 2209 |
| 农、林、牧、渔专业及辅助性活动 | 19066 | 18185 | 13315 | 4870 |
| 采矿业 | 3704 | 2867 | 1265 | 1603 |
| 开采专业及辅助性活动 | 2816 | 2533 | 1075 | 1458 |
| 其他采矿业 | 888 | 334 | 189 | 145 |
| 制造业 | 29119 | 14453 | 8262 | 6191 |
| 农副食品加工业 | 2497 | 2271 | 1362 | 909 |
| 食品制造业 | 3223 | 1414 | 731 | 683 |
| 纺织业 | 40 | 40 | 35 | 5 |
| 化学原料和化学制品制造业 | 4277 | 1944 | 1631 | 313 |
| 医药制造业 | 9097 | 5103 | 2455 | 2648 |
| 专用设备制造业 | 477 | 477 | 476 | 1 |
| 汽车制造业 | 5011 | 2162 | 1425 | 737 |
| 计算机、通信和其他电子设备制造业 | 4498 | 1042 | 147 | 895 |
| 电力、热力、燃气及水生产和供应业 | 114 | 114 | 47 | 68 |
| 电力、热力生产和供应业 | 114 | 114 | 47 | 68 |
| 建筑业 | 3291 | 3236 | 2528 | 708 |
| 土木工程建筑业 | 3291 | 3236 | 2528 | 708 |
| 信息传输、软件和信息技术服务业 | 5766 | 5591 | 3215 | 2375 |
| 软件和信息技术服务业 | 5766 | 5591 | 3215 | 2375 |
| 科学研究和技术服务业 | 704536 | 602579 | 370428 | 232151 |
| 研究和试验发展 | 371890 | 333854 | 194011 | 139843 |
| 专业技术服务业 | 273591 | 219293 | 146966 | 72326 |
| 科技推广和应用服务业 | 59055 | 49433 | 29451 | 19982 |
| 水利、环境和公共设施管理业 | 41507 | 33524 | 19161 | 14363 |
| 水利管理业 | 8868 | 8343 | 5187 | 3156 |
| 生态保护和环境治理业 | 32639 | 25181 | 13975 | 11207 |
| 教育 | 3562 | 3562 | 3225 | 338 |
| 教育 | 3562 | 3562 | 3225 | 338 |

续表 2-17

| 项目 | 科技经费内部支出 | 日常性支出 | 人员劳务费 | 其他日常性支出 |
|---|---|---|---|---|
| 文化、体育和娱乐业 | 1472 | 1470 | 974 | 496 |
| 文化艺术业 | 322 | 322 | 271 | 51 |
| 体育 | 1150 | 1148 | 703 | 445 |
| **按机构所属学科分布** | | | | |
| 自然科学领域 | 172762 | 155298 | 103122 | 52176 |
| 数学 | 5766 | 5591 | 3215 | 2375 |
| 信息科学与系统科学 | 4829 | 4606 | 1699 | 2907 |
| 化学 | 9332 | 6987 | 4605 | 2381 |
| 天文学 | 577 | 577 | 397 | 180 |
| 地球科学 | 125658 | 113831 | 78083 | 35748 |
| 生物学 | 26600 | 23707 | 15122 | 8585 |
| 农业科学领域 | 214902 | 190083 | 113797 | 76287 |
| 农学 | 155139 | 137611 | 82079 | 55532 |
| 林学 | 34379 | 30944 | 19392 | 11552 |
| 畜牧、兽医科学 | 19696 | 16477 | 9547 | 6930 |
| 水产学 | 5689 | 5053 | 2779 | 2273 |
| 医药科学领域 | 59634 | 49707 | 25073 | 24634 |
| 药学 | 10743 | 6502 | 3507 | 2995 |
| 中医学与中药学 | 48892 | 43205 | 21566 | 21639 |
| 工程与技术科学领域 | 211235 | 162023 | 100014 | 62008 |
| 工程与技术科学基础学科 | 13539 | 11705 | 4931 | 6774 |
| 信息与系统科学相关工程与技术 | 279 | 279 | 186 | 93 |
| 自然科学相关工程与技术 | 21241 | 13317 | 8469 | 4848 |
| 测绘科学技术 | 44697 | 34031 | 22952 | 11078 |
| 材料科学 | 587 | 454 | 257 | 198 |
| 冶金工程技术 | 510 | 510 | 325 | 185 |
| 动力与电气工程 | 114 | 114 | 47 | 68 |
| 能源科学技术 | 40 | 40 | 37 | 3 |
| 核科学技术 | 4482 | 4281 | 1023 | 3258 |
| 电子与通信技术 | 6490 | 3033 | 1754 | 1279 |
| 计算机科学技术 | 2524 | 2486 | 1138 | 1348 |

续表 2-17

| 项目 | 科技经费内部支出 | 日常性支出 | 人员劳务费 | 其他日常性支出 |
|---|---|---|---|---|
| 化学工程 | 756 | 605 | 374 | 231 |
| 产品应用相关工程与技术 | 20722 | 15329 | 10054 | 5275 |
| 纺织科学技术 | 40 | 40 | 35 | 5 |
| 食品科学技术 | 13002 | 6325 | 4345 | 1980 |
| 土木建筑工程 | 3547 | 3492 | 2671 | 821 |
| 水利工程 | 6112 | 5587 | 3287 | 2300 |
| 交通运输工程 | 5011 | 2162 | 1425 | 737 |
| 航空、航天科学技术 | 3950 | 3350 | 1504 | 1846 |
| 环境科学技术及资源科学技术 | 38245 | 33166 | 21124 | 12042 |
| 安全科学技术 | 19967 | 17782 | 11869 | 5913 |
| 管理学 | 5381 | 3936 | 2209 | 1727 |
| 人文与社会科学领域 | 46003 | 45468 | 28423 | 17045 |
| 艺术学 | 322 | 322 | 271 | 51 |
| 考古学 | 12547 | 12511 | 6081 | 6430 |
| 经济学 | 1735 | 1708 | 849 | 859 |
| 社会学 | 9691 | 9496 | 6689 | 2807 |
| 图书馆、情报与文献学 | 9967 | 9757 | 5192 | 4566 |
| 教育学 | 10591 | 10527 | 8638 | 1889 |
| 体育科学 | 1150 | 1148 | 703 | 445 |
| **按机构从业人员规模分** | | | | |
| ≥1000 人 | 104034 | 95763 | 58602 | 37161 |
| 500~999 人 | 73413 | 62025 | 47156 | 14869 |
| 300~499 人 | 93862 | 71291 | 44122 | 27169 |
| 200~299 人 | 82292 | 72864 | 39790 | 33073 |
| 100~199 人 | 137268 | 116539 | 64236 | 52303 |
| 50~99 人 | 133160 | 117977 | 71855 | 46122 |
| 30~49 人 | 41228 | 34138 | 23916 | 10222 |
| 20~29 人 | 17383 | 16427 | 10884 | 5543 |
| 10~19 人 | 11619 | 10712 | 7377 | 3335 |
| 0~9 人 | 10277 | 4845 | 2491 | 2354 |

## 表 2-18　科技经费资产性支出

计量单位：万元

| 项目 | 科技经费内部支出 | 资产性支出 | 仪器与设备支出 | 非基建的科学仪器与设备支出 | 基建的仪器与设备支出 | 土建费 | 资本化的计算机软件支出 | 专利和专有技术支出 |
|---|---|---|---|---|---|---|---|---|
| 总计 | 704536 | 101957 | 65986 | 52957 | 13030 | 26581 | 6082 | 3307 |
| **按机构所属地域分布** | | | | | | | | |
| 全省 | 704536 | 101957 | 65986 | 52957 | 13030 | 26581 | 6082 | 3307 |
| 长沙市 | 536090 | 86542 | 55077 | 46515 | 8562 | 23669 | 5806 | 1990 |
| 株洲市 | 2884 | 244 | 210 | 85 | 125 | 29 | 4 | 1 |
| 湘潭市 | 19677 | 2495 | 1355 | 733 | 622 | 227 | 69 | 844 |
| 衡阳市 | 8957 | 967 | 621 | 399 | 222 | 266 | 63 | 18 |
| 邵阳市 | 5639 | 784 | 245 | 209 | 36 | 533 | 4 | 3 |
| 岳阳市 | 11503 | 689 | 59 | 33 | 26 | 626 | 3 | 1 |
| 常德市 | 16104 | 1205 | 1026 | 966 | 61 | 169 | 3 | 6 |
| 张家界市 | 840 | 178 | 45 | 45 | — | 10 | — | 124 |
| 益阳市 | 5540 | 138 | 124 | 96 | 28 | 10 | 4 | — |
| 郴州市 | 41917 | 3416 | 3131 | 1240 | 1891 | 144 | — | 141 |
| 永州市 | 23695 | 3140 | 2624 | 1723 | 901 | 261 | 77 | 178 |
| 怀化市 | 24561 | 1938 | 1250 | 698 | 552 | 638 | 49 | 1 |
| 娄底市 | 1913 | 218 | 218 | 214 | 5 | — | — | — |
| 湘西州 | 5216 | 2 | 2 | 2 | — | — | — | — |
| **按机构所属隶属关系分布** | | | | | | | | |
| 中央部门属 | 42365 | 4326 | 2765 | 2001 | 764 | 1555 | 5 | — |
| 中国科学院 | 20997 | 2783 | 1728 | 1488 | 240 | 1050 | 5 | — |
| 非中央部门属 | 662170 | 97631 | 63221 | 50955 | 12266 | 25026 | 6077 | 3307 |
| 省级部门属 | 487842 | 72632 | 42641 | 33074 | 9567 | 22367 | 5794 | 1831 |
| 地市级部门属 | 119025 | 14344 | 12068 | 11201 | 867 | 1621 | 78 | 576 |
| **按机构从事的国民经济行业分布** | | | | | | | | |
| 科学研究和技术服务业 | 704536 | 101957 | 65986 | 52957 | 13030 | 26581 | 6082 | 3307 |
| 研究和试验发展 | 371890 | 38036 | 22164 | 16517 | 5647 | 13049 | 1439 | 1384 |
| 专业技术服务业 | 273591 | 54298 | 35838 | 29813 | 6026 | 12476 | 4490 | 1495 |
| 科技推广和应用服务业 | 59055 | 9622 | 7984 | 6627 | 1357 | 1057 | 153 | 429 |
| **按机构服务的国民经济行业分布** | | | | | | | | |
| 农、林、牧、渔业 | 161721 | 17055 | 11338 | 8363 | 2975 | 4149 | 920 | 648 |
| 农业 | 104715 | 11495 | 7331 | 5038 | 2293 | 3282 | 284 | 599 |

续表 2-18

| 项目 | 科技经费内部支出 | 资产性支出 | 仪器与设备支出 | 非基建的科学仪器与设备支出 | 基建的仪器与设备支出 | 土建费 | 资本化的计算机软件支出 | 专利和专有技术支出 |
|---|---|---|---|---|---|---|---|---|
| 林业 | 29108 | 3075 | 2276 | 2125 | 152 | 195 | 575 | 30 |
| 畜牧业 | 3441 | 971 | 578 | 143 | 435 | 358 | 15 | 20 |
| 渔业 | 5392 | 632 | 605 | 580 | 25 | 25 | 2 | — |
| 农、林、牧、渔专业及辅助性活动 | 19066 | 881 | 548 | 478 | 71 | 290 | 44 | — |
| 采矿业 | 3704 | 837 | 562 | 488 | 75 | 274 | | |
| 开采专业及辅助性活动 | 2816 | 283 | 207 | 207 | — | 75 | | |
| 其他采矿业 | 888 | 554 | 355 | 281 | 75 | 199 | | |
| 制造业 | 29119 | 14666 | 12158 | 12034 | 124 | 2336 | 4 | 168 |
| 农副食品加工业 | 2497 | 226 | 226 | 226 | — | — | — | — |
| 食品制造业 | 3223 | 1809 | 1282 | 1280 | 2 | 361 | — | 166 |
| 纺织业 | 40 | — | — | — | — | — | | |
| 化学原料和化学制品制造业 | 4277 | 2332 | 351 | 229 | 122 | 1975 | 4 | 2 |
| 医药制造业 | 9097 | 3994 | 3994 | 3994 | — | — | — | — |
| 专用设备制造业 | 477 | — | — | — | — | — | | |
| 汽车制造业 | 5011 | 2849 | 2849 | 2849 | — | — | | |
| 计算机、通信和其他电子设备制造业 | 4498 | 3456 | 3456 | 3456 | — | — | — | — |
| 电力、热力、燃气及水生产和供应业 | 114 | — | — | — | — | — | | |
| 电力、热力生产和供应业 | 114 | — | — | — | — | — | | |
| 建筑业 | 3291 | 55 | 55 | 55 | — | — | | |
| 土木工程建筑业 | 3291 | 55 | 55 | 55 | — | — | | |
| 信息传输、软件和信息技术服务业 | 5766 | 175 | 175 | 175 | — | — | | |
| 软件和信息技术服务业 | 5766 | 175 | 175 | 175 | — | — | | |
| 科学研究和技术服务业 | 704536 | 101957 | 65986 | 52957 | 13030 | 26581 | 6082 | 3307 |
| 研究和试验发展 | 371890 | 38036 | 22164 | 16517 | 5647 | 13049 | 1439 | 1384 |
| 专业技术服务业 | 273591 | 54298 | 35838 | 29813 | 6026 | 12476 | 4490 | 1495 |
| 科技推广和应用服务业 | 59055 | 9622 | 7984 | 6627 | 1357 | 1057 | 153 | 429 |
| 水利、环境和公共设施管理业 | 41507 | 7983 | 7293 | 5634 | 1659 | 321 | 150 | 219 |
| 水利管理业 | 8868 | 526 | 373 | 371 | 2 | 1 | 150 | 1 |
| 生态保护和环境治理业 | 32639 | 7458 | 6919 | 5262 | 1657 | 320 | — | 218 |
| 教育 | 3562 | — | — | — | — | — | — | — |

续表 2-18

| 项目 | 科技经费内部支出 | 资产性支出 | 仪器与设备支出 | 非基建的科学仪器与设备支出 | 基建的仪器与设备支出 | 土建费 | 资本化的计算机软件支出 | 专利和专有技术支出 |
|---|---|---|---|---|---|---|---|---|
| 教育 | 3562 | — | — | — | — | — | — | — |
| 文化、体育和娱乐业 | 1472 | 2 | 2 | 2 | — | — | — | — |
| 文化艺术业 | 322 | — | — | — | — | — | — | — |
| 体育 | 1150 | 2 | 2 | 2 | — | — | — | — |
| **按机构所属学科分布** | | | | | | | | |
| 自然科学领域 | 172762 | 17464 | 11667 | 10231 | 1436 | 4905 | 871 | 21 |
| 数学 | 5766 | 175 | 175 | 175 | — | — | — | — |
| 信息科学与系统科学 | 4829 | 223 | 217 | 162 | 55 | — | 7 | — |
| 化学 | 9332 | 2346 | 391 | 391 | — | 1953 | — | 1 |
| 天文学 | 577 | — | — | — | — | — | — | — |
| 地球科学 | 125658 | 11827 | 8994 | 7940 | 1054 | 1954 | 859 | 20 |
| 生物学 | 26600 | 2893 | 1891 | 1563 | 328 | 998 | 5 | — |
| 农业科学领域 | 214902 | 24819 | 14955 | 10025 | 4930 | 7987 | 1077 | 801 |
| 农学 | 155139 | 17528 | 9285 | 5673 | 3612 | 7193 | 404 | 646 |
| 林学 | 34379 | 3435 | 2625 | 2192 | 433 | 200 | 578 | 33 |
| 畜牧、兽医科学 | 19696 | 3220 | 2436 | 1577 | 859 | 569 | 93 | 122 |
| 水产学 | 5689 | 636 | 609 | 583 | 27 | 25 | 2 | — |
| 医药科学领域 | 59634 | 9928 | 6250 | 5341 | 909 | 3678 | — | — |
| 药学 | 10743 | 4241 | 4241 | 4241 | — | — | — | — |
| 中医学与中药学 | 48892 | 5687 | 2009 | 1100 | 909 | 3678 | — | — |
| 工程与技术科学领域 | 211235 | 49212 | 32840 | 27120 | 5720 | 9923 | 3994 | 2455 |
| 工程与技术科学基础学科 | 13539 | 1833 | 1205 | 1186 | 19 | — | 33 | 595 |
| 信息与系统科学相关工程与技术 | 279 | — | — | — | — | — | — | — |
| 自然科学相关工程与技术 | 21241 | 7924 | 3574 | 3458 | 116 | 4132 | 215 | 3 |
| 测绘科学技术 | 44697 | 10666 | 6486 | 6309 | 177 | — | 3410 | 770 |
| 材料科学 | 587 | 133 | 93 | 93 | — | — | — | 39 |
| 冶金工程技术 | 510 | — | — | — | — | — | — | — |
| 动力与电气工程 | 114 | — | — | — | — | — | — | — |
| 能源科学技术 | 40 | — | — | — | — | — | — | — |
| 核科学技术 | 4482 | 201 | 169 | 15 | 155 | — | 32 | — |
| 电子与通信技术 | 6490 | 3457 | 3457 | 3457 | — | — | — | — |

续表 2-18

| 项目 | 科技经费内部支出 | 资产性支出 | 仪器与设备支出 | 非基建的科学仪器与设备支出 | 基建的仪器与设备支出 | 土建费 | 资本化的计算机软件支出 | 专利和专有技术支出 |
|---|---|---|---|---|---|---|---|---|
| 计算机科学技术 | 2524 | 38 | 30 | 30 | — | — | 5 | 3 |
| 化学工程 | 756 | 151 | 124 | 2 | 122 | 22 | 4 | 1 |
| 产品应用相关工程与技术 | 20722 | 5394 | 1507 | 1507 | — | 3808 | 79 | — |
| 纺织科学技术 | 40 | — | — | — | — | — | — | — |
| 食品科学技术 | 13002 | 6677 | 5836 | 5834 | 2 | 672 | 2 | 166 |
| 土木建筑工程 | 3547 | 55 | 55 | 55 | — | — | — | — |
| 水利工程 | 6112 | 526 | 373 | 371 | 2 | 1 | 150 | 1 |
| 交通运输工程 | 5011 | 2849 | 2849 | 2849 | — | — | — | — |
| 航空、航天科学技术 | 3950 | 600 | — | — | — | 600 | — | — |
| 环境科学技术及资源科学技术 | 38245 | 5079 | 4129 | 1479 | 2650 | 689 | 8 | 253 |
| 安全科学技术 | 19967 | 2185 | 2185 | — | 2185 | — | — | — |
| 管理学 | 5381 | 1445 | 767 | 474 | 293 | — | 55 | 623 |
| 人文与社会科学领域 | 46003 | 534 | 274 | 239 | 35 | 89 | 140 | 31 |
| 艺术学 | 322 | — | — | — | — | — | — | — |
| 考古学 | 12547 | 36 | 36 | 21 | 15 | — | — | — |
| 经济学 | 1735 | 27 | 27 | 27 | — | — | — | — |
| 社会学 | 9691 | 195 | 128 | 128 | — | 67 | 1 | — |
| 图书馆、情报与文献学 | 9967 | 210 | 27 | 6 | 20 | 22 | 130 | 31 |
| 教育学 | 10591 | 65 | 55 | 55 | — | — | 10 | — |
| 体育科学 | 1150 | 2 | 2 | 2 | — | — | — | — |
| **按机构从业人员规模分** | | | | | | | | |
| ≥1000 人 | 104034 | 8271 | 2845 | 1936 | 909 | 5055 | 370 | 2 |
| 500~999 人 | 73413 | 11388 | 6470 | 3394 | 3076 | 4176 | 693 | 49 |
| 300~499 人 | 93862 | 22571 | 14571 | 14543 | 28 | 3868 | 3355 | 777 |
| 200~299 人 | 82292 | 9428 | 6251 | 5069 | 1182 | 2144 | 426 | 607 |
| 100~199 人 | 137268 | 20729 | 13696 | 11176 | 2520 | 6487 | 379 | 167 |
| 50~99 人 | 133160 | 15182 | 12048 | 8602 | 3446 | 2046 | 657 | 431 |
| 30~49 人 | 41228 | 7091 | 4201 | 2890 | 1312 | 2151 | 64 | 675 |
| 20~29 人 | 17383 | 957 | 609 | 327 | 282 | 55 | 27 | 266 |
| 10~19 人 | 11619 | 908 | 555 | 342 | 213 | 197 | 110 | 46 |
| 0~9 人 | 10277 | 5432 | 4741 | 4677 | 64 | 402 | 1 | 288 |

## 表 2-19　科研基建

计量单位：万元

| 项目 | 科研基建 | 政府资金 | 企业资金 | 事业单位资金 | 国外资金 | 其他资金 |
|---|---|---|---|---|---|---|
| **总计** | 39611 | 28178 | 95 | 9124 | — | 2214 |
| **按机构所属地域分布** | | | | | | |
| 全省 | 39611 | 28178 | 95 | 9124 | — | 2214 |
| 长沙市 | 32231 | 21725 | — | 8369 | — | 2137 |
| 株洲市 | 154 | 152 | — | — | — | 2 |
| 湘潭市 | 849 | 565 | 55 | 175 | — | 55 |
| 衡阳市 | 488 | 483 | — | 5 | — | 1 |
| 邵阳市 | 569 | 564 | — | 3 | — | 3 |
| 岳阳市 | 652 | 326 | — | 323 | — | 3 |
| 常德市 | 230 | 223 | — | 5 | — | 2 |
| 张家界市 | 10 | — | — | — | — | 10 |
| 益阳市 | 38 | 30 | — | 8 | — | — |
| 郴州市 | 2035 | 1994 | 26 | 13 | — | 2 |
| 永州市 | 1162 | 995 | 15 | 153 | — | — |
| 怀化市 | 1190 | 1119 | — | 71 | — | — |
| 娄底市 | 5 | 5 | — | — | — | — |
| 湘西州 | — | — | — | — | — | — |
| **按机构所属隶属关系分布** | | | | | | |
| 中央部门属 | 2319 | 1694 | — | 88 | — | 537 |
| 中国科学院 | 1290 | 1167 | — | — | — | 123 |
| 非中央部门属 | 37292 | 26483 | 95 | 9036 | — | 1678 |
| 省级部门属 | 31934 | 22052 | — | 8281 | — | 1600 |
| 地市级部门属 | 2489 | 2106 | 80 | 302 | — | — |
| **按机构从事的国民经济行业分布** | | | | | | |
| 科学研究和技术服务业 | 39611 | 28178 | 95 | 9124 | — | 2214 |
| 研究和试验发展 | 18697 | 15845 | 26 | 1146 | — | 1679 |
| 专业技术服务业 | 18501 | 10169 | 55 | 7761 | — | 516 |
| 科技推广和应用服务业 | 2413 | 2163 | 15 | 216 | — | 19 |
| **按机构服务的国民经济行业分布** | | | | | | |
| 农、林、牧、渔业 | 7124 | 5110 | 26 | 293 | — | 1694 |
| 农业 | 5574 | 3787 | 26 | 67 | — | 1694 |

续表 2-19

| 项目 | 科研基建 | 政府资金 | 企业资金 | 事业单位资金 | 国外资金 | 其他资金 |
|---|---|---|---|---|---|---|
| 林业 | 346 | 343 | — | 3 | — | — |
| 畜牧业 | 793 | 600 | — | 193 | — | — |
| 渔业 | 50 | 50 | — | — | — | — |
| 农、林、牧、渔专业及辅助性活动 | 360 | 330 | — | 30 | — | — |
| 采矿业 | 349 | — | — | 349 | — | — |
| 开采专业及辅助性活动 | 75 | — | — | 75 | — | — |
| 其他采矿业 | 274 | — | — | 274 | — | — |
| 制造业 | 2460 | 505 | — | 1953 | — | 2 |
| 农副食品加工业 | — | — | — | — | — | — |
| 食品制造业 | 363 | 363 | — | — | — | — |
| 纺织业 | — | — | — | — | — | — |
| 化学原料和化学制品制造业 | 2097 | 142 | — | 1953 | — | 2 |
| 医药制造业 | — | — | — | — | — | — |
| 专用设备制造业 | — | — | — | — | — | — |
| 汽车制造业 | — | — | — | — | — | — |
| 计算机、通信和其他电子设备制造业 | — | — | — | — | — | — |
| 电力、热力、燃气及水生产和供应业 | — | — | — | — | — | — |
| 电力、热力生产和供应业 | — | — | — | — | — | — |
| 建筑业 | — | — | — | — | — | — |
| 土木工程建筑业 | — | — | — | — | — | — |
| 信息传输、软件和信息技术服务业 | — | — | — | — | — | — |
| 软件和信息技术服务业 | — | — | — | — | — | — |
| 科学研究和技术服务业 | 39611 | 28178 | 95 | 9124 | — | 2214 |
| 研究和试验发展 | 18697 | 15845 | 26 | 1146 | — | 1679 |
| 专业技术服务业 | 18501 | 10169 | 55 | 7761 | — | 516 |
| 科技推广和应用服务业 | 2413 | 2163 | 15 | 216 | — | 19 |
| 水利、环境和公共设施管理业 | 1980 | 1600 | — | 377 | — | 3 |
| 水利管理业 | 3 | — | — | — | — | 3 |
| 生态保护和环境治理业 | 1977 | 1600 | — | 377 | — | — |
| 教育 | — | — | — | — | — | — |
| 教育 | — | — | — | — | — | — |

**续表 2-19**

| 项目 | 科研基建 | 政府资金 | 企业资金 | 事业单位资金 | 国外资金 | 其他资金 |
|---|---|---|---|---|---|---|
| 文化、体育和娱乐业 | — | — | — | — | — | — |
| 　文化艺术业 | — | — | — | — | — | — |
| 　体育 | — | — | — | — | — | — |
| **按机构所属学科分布** | | | | | | |
| 自然科学领域 | 6342 | 1990 | 55 | 3716 | — | 581 |
| 　数学 | — | — | — | — | — | — |
| 　信息科学与系统科学 | 55 | — | 55 | — | — | — |
| 　化学 | 1953 | — | — | 1953 | — | — |
| 　天文学 | — | — | — | — | — | — |
| 　地球科学 | 3008 | 787 | — | 1763 | — | 458 |
| 　生物学 | 1326 | 1203 | — | — | — | 123 |
| 农业科学领域 | 12916 | 10761 | 41 | 541 | — | 1574 |
| 　农学 | 10805 | 8985 | 26 | 222 | — | 1571 |
| 　林学 | 632 | 536 | — | 94 | — | 3 |
| 　畜牧、兽医科学 | 1428 | 1190 | 15 | 223 | — | — |
| 　水产学 | 51 | 50 | — | 2 | — | — |
| 医药科学领域 | 4586 | 4532 | — | 55 | — | — |
| 　药学 | — | — | — | — | — | — |
| 　中医学与中药学 | 4586 | 4532 | — | 55 | — | — |
| 工程与技术科学领域 | 15643 | 10771 | — | 4812 | — | 60 |
| 　工程与技术科学基础学科 | 19 | 19 | — | — | — | — |
| 　信息与系统科学相关工程与技术 | — | — | — | — | — | — |
| 　自然科学相关工程与技术 | 4248 | 4248 | — | — | — | — |
| 　测绘科学技术 | 177 | 13 | — | 164 | — | — |
| 　材料科学 | — | — | — | — | — | — |
| 　冶金工程技术 | — | — | — | — | — | — |
| 　动力与电气工程 | — | — | — | — | — | — |
| 　能源科学技术 | — | — | — | — | — | — |
| 　核科学技术 | 155 | — | — | 155 | — | — |
| 　电子与通信技术 | — | — | — | — | — | — |
| 　计算机科学技术 | — | — | — | — | — | — |

续表 2-19

| 项目 | 科研基建 | 政府资金 | 企业资金 | 事业单位资金 | 国外资金 | 其他资金 |
|---|---|---|---|---|---|---|
| 化学工程 | 144 | 142 | — | — | — | 2 |
| 产品应用相关工程与技术 | 3808 | 3460 | — | 348 | — | — |
| 纺织科学技术 | — | — | — | — | — | — |
| 食品科学技术 | 675 | 675 | — | — | — | — |
| 土木建筑工程 | — | — | — | — | — | — |
| 水利工程 | 3 | — | — | — | — | 3 |
| 交通运输工程 | — | — | — | — | — | — |
| 航空、航天科学技术 | 600 | 277 | — | 323 | — | — |
| 环境科学技术及资源科学技术 | 3339 | 1690 | — | 1648 | — | — |
| 安全科学技术 | 2185 | 11 | — | 2174 | — | — |
| 管理学 | 293 | 238 | — | — | — | 55 |
| 人文与社会科学领域 | 124 | 124 | — | — | — | — |
| 艺术学 | — | — | — | — | — | — |
| 考古学 | 15 | 15 | — | — | — | — |
| 经济学 | — | — | — | — | — | — |
| 社会学 | 67 | 67 | — | — | — | — |
| 图书馆、情报与文献学 | 42 | 42 | — | — | — | — |
| 教育学 | — | — | — | — | — | — |
| 体育科学 | — | — | — | — | — | — |
| **按机构从业人员规模分** | | | | | | |
| ≥1000 人 | 5964 | 4532 | — | 1388 | — | 44 |
| 500~999 人 | 7252 | 3460 | — | 3793 | — | — |
| 300~499 人 | 3896 | 3740 | — | 156 | — | — |
| 200~299 人 | 3327 | 1987 | — | 377 | — | 963 |
| 100~199 人 | 9007 | 7674 | 26 | 893 | — | 414 |
| 50~99 人 | 5492 | 4320 | — | 452 | — | 719 |
| 30~49 人 | 3462 | 1344 | 55 | 2006 | — | 57 |
| 20~29 人 | 337 | 317 | 15 | 3 | — | 3 |
| 10~19 人 | 410 | 370 | — | 40 | — | — |
| 0~9 人 | 466 | 435 | — | 16 | — | 15 |

## 表 2-20 固定资产

计量单位：万元

| 项目 | 年末固定资产原价 | 科研房屋建筑物 | 科研仪器设备 | 进口 |
|---|---|---|---|---|
| 总计 | 1068382 | 315572 | 415197 | 68250 |
| **按机构所属地域分布** | | | | |
| 全省 | 1068382 | 315572 | 415197 | 68250 |
| 长沙市 | 884585 | 252983 | 352340 | 60045 |
| 株洲市 | 6027 | 4258 | 1182 | 48 |
| 湘潭市 | 29578 | 9644 | 13342 | 692 |
| 衡阳市 | 3767 | 2522 | 776 | — |
| 邵阳市 | 2679 | 1429 | 692 | — |
| 岳阳市 | 12078 | 3103 | 4425 | 322 |
| 常德市 | 15616 | 4491 | 4960 | 283 |
| 张家界市 | 358 | 40 | 318 | — |
| 益阳市 | 2127 | 946 | 1095 | — |
| 郴州市 | 41941 | 8612 | 16108 | 3859 |
| 永州市 | 32635 | 15826 | 11099 | 2739 |
| 怀化市 | 33481 | 10463 | 7665 | — |
| 娄底市 | 933 | 507 | 395 | 262 |
| 湘西州 | 2578 | 748 | 798 | — |
| **按机构所属隶属关系分布** | | | | |
| 中央部门属 | 93444 | 23819 | 34380 | 4830 |
| 中国科学院 | 35502 | 9003 | 17744 | 1380 |
| 非中央部门属 | 974938 | 291753 | 380817 | 63420 |
| 省级部门属 | 793123 | 220342 | 310963 | 47390 |
| 地市级部门属 | 140144 | 50372 | 53028 | 15618 |
| **按机构从事的国民经济行业分布** | | | | |
| 科学研究和技术服务业 | 1068382 | 315572 | 415197 | 68250 |
| 研究和试验发展 | 393814 | 150255 | 147226 | 16608 |
| 专业技术服务业 | 600469 | 141572 | 251083 | 50428 |
| 科技推广和应用服务业 | 74099 | 23745 | 16888 | 1214 |
| **按机构服务的国民经济行业分布** | | | | |
| 农、林、牧、渔业 | 213859 | 72909 | 81220 | 8477 |
| 农业 | 135817 | 44463 | 56357 | 7095 |

续表 2-20

| 项目 | 年末固定资产原价 | 科研房屋建筑物 | 科研仪器设备 | 进口 |
|---|---|---|---|---|
| 林业 | 41858 | 15272 | 11621 | — |
| 畜牧业 | 4904 | 2010 | 2149 | 307 |
| 渔业 | 7862 | 3848 | 3276 | — |
| 农、林、牧、渔专业及辅助性活动 | 23419 | 7316 | 7817 | 1076 |
| 采矿业 | 18796 | 4493 | 6239 | 3561 |
| 开采专业及辅助性活动 | 10877 | 303 | 2510 | 818 |
| 其他采矿业 | 7920 | 4190 | 3730 | 2744 |
| 制造业 | 63408 | 19128 | 42415 | 25751 |
| 农副食品加工业 | 5801 | 689 | 4773 | 145 |
| 食品制造业 | 6649 | 2509 | 3805 | 2958 |
| 纺织业 | 1 | — | 1 | — |
| 化学原料和化学制品制造业 | 5463 | 2095 | 2248 | — |
| 医药制造业 | 39981 | 13335 | 26646 | 22649 |
| 专用设备制造业 | 600 | 500 | 30 | — |
| 汽车制造业 | 3881 | — | 3881 | — |
| 计算机、通信和其他电子设备制造业 | 1032 | — | 1032 | — |
| 电力、热力、燃气及水生产和供应业 | 207 | — | 199 | 8 |
| 电力、热力生产和供应业 | 207 | — | 199 | 8 |
| 建筑业 | 3774 | 2040 | 628 | — |
| 土木工程建筑业 | 3774 | 2040 | 628 | — |
| 信息传输、软件和信息技术服务业 | 485 | — | 268 | — |
| 软件和信息技术服务业 | 485 | — | 268 | — |
| 科学研究和技术服务业 | 1068382 | 315572 | 415197 | 68250 |
| 研究和试验发展 | 393814 | 150255 | 147226 | 16608 |
| 专业技术服务业 | 600469 | 141572 | 251083 | 50428 |
| 科技推广和应用服务业 | 74099 | 23745 | 16888 | 1214 |
| 水利、环境和公共设施管理业 | 50909 | 10302 | 17902 | — |
| 水利管理业 | 11810 | 362 | 2215 | — |
| 生态保护和环境治理业 | 39099 | 9939 | 15687 | — |
| 教育 | 79 | — | 51 | — |
| 教育 | 79 | — | 51 | — |

续表 2-20

| 项目 | 年末固定资产原价 | 科研房屋建筑物 | 科研仪器设备 | 进口 |
|---|---|---|---|---|
| 文化、体育和娱乐业 | 3501 | — | 2409 | — |
| 文化艺术业 | 918 | — | — | — |
| 体育 | 2583 | — | 2409 | — |
| **按机构所属学科分布** | | | | |
| 自然科学领域 | 269247 | 89289 | 77387 | 14143 |
| 数学 | 485 | — | 268 | — |
| 信息科学与系统科学 | 1229 | 323 | 265 | — |
| 化学 | 14976 | 3513 | 9317 | 4855 |
| 天文学 | 231 | — | 225 | — |
| 地球科学 | 211277 | 73911 | 46166 | 7890 |
| 生物学 | 41050 | 11542 | 21145 | 1399 |
| 农业科学领域 | 269031 | 93726 | 77800 | 8100 |
| 农学 | 188732 | 64904 | 56703 | 7729 |
| 林学 | 52771 | 16878 | 12726 | — |
| 畜牧、兽医科学 | 17861 | 7373 | 5043 | 371 |
| 水产学 | 9667 | 4571 | 3329 | — |
| 医药科学领域 | 90628 | 34642 | 51917 | 27996 |
| 药学 | 45367 | 16343 | 29024 | 23804 |
| 中医学与中药学 | 45261 | 18300 | 22893 | 4192 |
| 工程与技术科学领域 | 409759 | 83759 | 197803 | 16827 |
| 工程与技术科学基础学科 | 9754 | 2114 | 4516 | 269 |
| 信息与系统科学相关工程与技术 | 19 | — | 19 | — |
| 自然科学相关工程与技术 | 48787 | 9457 | 38186 | 106 |
| 测绘科学技术 | 72559 | 11080 | 34355 | — |
| 材料科学 | 2358 | — | 2090 | 831 |
| 冶金工程技术 | 1108 | 303 | 272 | — |
| 动力与电气工程 | 207 | — | 199 | 8 |
| 能源科学技术 | 8 | 5 | 3 | — |
| 核科学技术 | 6934 | 4204 | 2567 | 990 |
| 电子与通信技术 | 2871 | 191 | 2632 | 699 |
| 计算机科学技术 | 209 | — | 76 | — |

续表 2-20

| 项目 | 年末固定资产原价 | 科研房屋建筑物 | 科研仪器设备 | 进口 |
|---|---|---|---|---|
| 化学工程 | 2714 | 2090 | 624 | — |
| 产品应用相关工程与技术 | 70352 | 18350 | 35408 | 1219 |
| 纺织科学技术 | 1 | — | 1 | — |
| 食品科学技术 | 55174 | 24512 | 28604 | 12525 |
| 土木建筑工程 | 3794 | 2040 | 648 | — |
| 水利工程 | 2516 | 362 | 2118 | — |
| 交通运输工程 | 3881 | — | 3881 | — |
| 航空、航天科学技术 | 2409 | — | 2389 | — |
| 环境科学技术及资源科学技术 | 45083 | 4811 | 18892 | — |
| 安全科学技术 | 57528 | 2252 | 18365 | 179 |
| 管理学 | 21495 | 1989 | 1957 | — |
| 人文与社会科学领域 | 29717 | 14156 | 10290 | 1184 |
| 艺术学 | 918 | — | — | — |
| 考古学 | 10006 | 4182 | 4105 | 1184 |
| 经济学 | 371 | — | 371 | — |
| 社会学 | 5791 | 4884 | 902 | — |
| 图书馆、情报与文献学 | 3663 | 461 | 1968 | — |
| 教育学 | 6386 | 4628 | 536 | — |
| 体育科学 | 2583 | — | 2409 | — |
| **按机构从业人员规模分** | | | | |
| ≥1000 人 | 115657 | 33832 | 38670 | 5965 |
| 500~999 人 | 171619 | 27993 | 64593 | 1585 |
| 300~499 人 | 180693 | 36876 | 84168 | 2985 |
| 200~299 人 | 109155 | 52640 | 42754 | 4861 |
| 100~199 人 | 233109 | 72745 | 85843 | 39683 |
| 50~99 人 | 142124 | 53986 | 60359 | 6051 |
| 30~49 人 | 59605 | 22588 | 24123 | 4652 |
| 20~29 人 | 14582 | 3873 | 8494 | 839 |
| 10~19 人 | 35999 | 10501 | 2366 | 498 |
| 0~9 人 | 5840 | 538 | 3829 | 1132 |

## 表 2-21 科学仪器设备

| 项目 | 科学仪器设备数量（台/套） | 单台原值≧100万元 | 科学仪器设备原值（万元） | 单台原值≧100万元 |
|---|---|---|---|---|
| 总计 | 88138 | 484 | 415197 | 102413 |
| **按机构所属地域分布** | | | | |
| 全省 | 88138 | 484 | 415197 | 102413 |
| 长沙市 | 71367 | 434 | 352340 | 91455 |
| 株洲市 | 459 | 1 | 1182 | 105 |
| 湘潭市 | 3098 | 7 | 13342 | 1796 |
| 衡阳市 | 1452 | — | 776 | — |
| 邵阳市 | 96 | — | 389 | — |
| 岳阳市 | 353 | 5 | 3147 | 1544 |
| 常德市 | 1255 | 3 | 3595 | 358 |
| 张家界市 | 76 | 1 | 287 | 110 |
| 益阳市 | 138 | — | 999 | — |
| 郴州市 | 659 | 4 | 3993 | 629 |
| 永州市 | 965 | 6 | 5728 | 1020 |
| 怀化市 | 22 | — | 30 | — |
| 娄底市 | 1 | — | 4 | — |
| 湘西州 | 10 | — | 10 | — |
| **按机构所属隶属关系分布** | | | | |
| 中央部门属 | 79224 | 448 | 380817 | 94648 |
| 中国科学院 | 60587 | 363 | 310963 | 76006 |
| 非中央部门属 | 12915 | 70 | 53028 | 14291 |
| 省级部门属 | | | | |
| 地市级部门属 | 88138 | 484 | 415197 | 102413 |
| **按机构从事的国民经济行业分布** | | | | |
| 科学研究和技术服务业 | 36971 | 311 | 251083 | 64684 |
| 研究和试验发展 | 4502 | 29 | 16888 | 5479 |
| 专业技术服务业 | | | | |
| 科技推广和应用服务业 | 25464 | 73 | 81220 | 14002 |
| **按机构服务的国民经济行业分布** | | | | |
| 农、林、牧、渔业 | 6482 | 7 | 11621 | 1089 |
| 农业 | 610 | 3 | 2149 | 365 |

续表 2-21

| 项目 | 科学仪器设备数量（台/套） | 单台原值≧100万元 | 科学仪器设备原值（万元） | 单台原值≧100万元 |
|---|---|---|---|---|
| 林业 | 100 | 9 | 3276 | 1333 |
| 畜牧业 | 2035 | 3 | 7817 | 1207 |
| 渔业 | 620 | 24 | 6239 | 3107 |
| 农、林、牧、渔专业及辅助性活动 | 180 | 3 | 2510 | 522 |
| 采矿业 | 440 | 21 | 3730 | 2585 |
| 开采专业及辅助性活动 | 5379 | 68 | 42415 | 13076 |
| 其他采矿业 | 434 | 7 | 4773 | 1136 |
| 制造业 | 337 | 7 | 3805 | 1877 |
| 农副食品加工业 | 2 | — | 1 | — |
| 食品制造业 | 317 | 1 | 2248 | 105 |
| 纺织业 | 1717 | 33 | 26646 | 6708 |
| 化学原料和化学制品制造业 | 6 | — | 30 | — |
| 医药制造业 | 266 | 20 | 3881 | 3250 |
| 专用设备制造业 | 2300 | — | 1032 | — |
| 汽车制造业 | 78 | — | 199 | — |
| 计算机、通信和其他电子设备制造业 | 78 | — | 199 | — |
| 电力、热力、燃气及水生产和供应业 | 756 | — | 628 | — |
| 电力、热力生产和供应业 | 756 | — | 628 | — |
| 建筑业 | 230 | — | 268 | — |
| 土木工程建筑业 | 230 | — | 268 | — |
| 信息传输、软件和信息技术服务业 | 50712 | 307 | 263865 | 70606 |
| 软件和信息技术服务业 | 16415 | 54 | 43898 | 14690 |
| 科学研究和技术服务业 | 36971 | 311 | 251083 | 64684 |
| 研究和试验发展 | 4502 | 29 | 16888 | 5479 |
| 专业技术服务业 | | | | |
| 科技推广和应用服务业 | 25464 | 73 | 81220 | 14002 |
| 水利、环境和公共设施管理业 | 2871 | 8 | 15687 | 1041 |
| 水利管理业 | 19 | — | 51 | — |
| 生态保护和环境治理业 | 19 | — | 51 | — |
| 教育 | 597 | 1 | 2409 | 164 |
| 教育 | 597 | 1 | 2409 | 164 |

续表 2-21

| 项目 | 科学仪器设备数量（台/套） | 单台原值≥100万元 | 科学仪器设备原值（万元） | 单台原值≥100万元 |
|---|---|---|---|---|
| 文化、体育和娱乐业 | | | | |
| 文化艺术业 | 15757 | 119 | 77387 | 20193 |
| 体育 | 230 | — | 268 | — |
| **按机构所属学科分布** | | | | |
| 自然科学领域 | 1068 | 15 | 9317 | 3122 |
| 数学 | 1 | — | 225 | — |
| 信息科学与系统科学 | 7899 | 82 | 46166 | 12497 |
| 化学 | 6418 | 22 | 21145 | 4574 |
| 天文学 | 25916 | 62 | 77800 | 11665 |
| 地球科学 | 16949 | 39 | 56703 | 7896 |
| 生物学 | 7019 | 10 | 12726 | 1961 |
| 农业科学领域 | 1801 | 4 | 5043 | 475 |
| 农学 | 147 | 9 | 3329 | 1333 |
| 林学 | 9186 | 68 | 51917 | 16994 |
| 畜牧、兽医科学 | 2021 | 36 | 29024 | 7207 |
| 水产学 | 7165 | 32 | 22893 | 9787 |
| 医药科学领域 | 32354 | 229 | 197803 | 52144 |
| 药学 | 2204 | 3 | 4516 | 609 |
| 中医学与中药学 | 16 | — | 19 | — |
| 工程与技术科学领域 | 4657 | 42 | 38186 | 6989 |
| 工程与技术科学基础学科 | 2896 | 32 | 34355 | 13516 |
| 信息与系统科学相关工程与技术 | 434 | 2 | 2090 | 298 |
| 自然科学相关工程与技术 | 105 | — | 272 | — |
| 测绘科学技术 | 78 | — | 199 | — |
| 材料科学 | 2 | — | 3 | — |
| 冶金工程技术 | 541 | 4 | 2567 | 624 |
| 动力与电气工程 | 2468 | 2 | 2632 | 249 |
| 能源科学技术 | 224 | — | 76 | — |
| 核科学技术 | 130 | 1 | 624 | 105 |
| 电子与通信技术 | 2505 | 51 | 35408 | 10792 |
| 计算机科学技术 | 2 | — | 1 | — |

续表 2-21

| 项目 | 科学仪器设备数量（台/套） | 单台原值 ≥100 万元 | 科学仪器设备原值（万元） | 单台原值 ≥100 万元 |
|---|---|---|---|---|
| 化学工程 | 2619 | 41 | 28604 | 9011 |
| 产品应用相关工程与技术 | 765 | — | 648 | — |
| 纺织科学技术 | 1286 | 3 | 2118 | 419 |
| 食品科学技术 | 266 | 20 | 3881 | 3250 |
| 土木建筑工程 | 26 | 2 | 2389 | 1163 |
| 水利工程 | 3053 | 14 | 18892 | 2646 |
| 交通运输工程 | 7455 | 9 | 18365 | 1447 |
| 航空、航天科学技术 | 622 | 3 | 1957 | 1028 |
| 环境科学技术及资源科学技术 | 4925 | 6 | 10290 | 1417 |
| 安全科学技术 | 942 | 4 | 4105 | 1143 |
| 管理学 | 428 | — | 371 | — |
| 人文与社会科学领域 | 1144 | — | 902 | — |
| 艺术学 | 238 | 1 | 1968 | 110 |
| 考古学 | 1576 | — | 536 | — |
| 经济学 | 597 | 1 | 2409 | 164 |
| 社会学 | | | | |
| 图书馆、情报与文献学 | 9452 | 49 | 38670 | 12552 |
| 教育学 | 13293 | 72 | 64593 | 14180 |
| 体育科学 | 9820 | 105 | 84168 | 25145 |
| **按机构从业人员规模分** | | | | |
| ≥1000 人 | 14422 | 122 | 85843 | 22963 |
| 500~999 人 | 13073 | 58 | 60359 | 10977 |
| 300~499 人 | 7417 | 24 | 24123 | 4969 |
| 200~299 人 | 4193 | 4 | 8494 | 1050 |
| 100~199 人 | 1195 | 1 | 2366 | 239 |
| 50~99 人 | 2838 | 7 | 3829 | 2293 |
| 30~49 人 | 59605 | 22588 | 24123 | 4652 |
| 20~29 人 | 14582 | 3873 | 8494 | 839 |
| 10~19 人 | 35999 | 10501 | 2366 | 498 |
| 0~9 人 | 5840 | 538 | 3829 | 1132 |

### 表 2-22 科技课题概况

| 项目 | 课题数合计（个） | R&D课题 | 课题经费内部支出（万元） | 政府资金 | R&D课题经费 | 课题人员折合全时工作量（人年） | R&D课题人员折合全时工作量 |
|---|---|---|---|---|---|---|---|
| **总计** | 3806 | 2767 | 210126 | 148908 | 147925 | 10533 | 7732.6 |
| **按机构所属地域分布** | | | | | | | |
| 全省 | 3806 | 2767 | 210126 | 148908 | 147925 | 10533 | 7732.6 |
| 长沙市 | 3104 | 2252 | 145455 | 105040 | 93197 | 6833.6 | 4910.5 |
| 株洲市 | 11 | 7 | 696 | 692 | 500 | 41 | 27 |
| 湘潭市 | 70 | 70 | 16838 | 9569 | 16838 | 643 | 643 |
| 衡阳市 | 61 | 41 | 751 | 731 | 444 | 218 | 139 |
| 邵阳市 | 32 | 20 | 1060 | 1060 | 781 | 154 | 90 |
| 岳阳市 | 17 | 12 | 3458 | 630 | 3218 | 185 | 129 |
| 常德市 | 91 | 64 | 6633 | 6568 | 4996 | 349.3 | 260.3 |
| 张家界市 | 14 | 7 | 341 | 341 | 236 | 26 | 16.5 |
| 益阳市 | 36 | 30 | 2281 | 2191 | 2090 | 92 | 77 |
| 郴州市 | 86 | 62 | 6648 | 4945 | 4447 | 469 | 280 |
| 永州市 | 119 | 91 | 12910 | 5665 | 10275 | 620.1 | 515.3 |
| 怀化市 | 96 | 65 | 11957 | 10689 | 10039 | 733 | 525 |
| 娄底市 | 47 | 25 | 497 | 216 | 267 | 86 | 41 |
| 湘西州 | 22 | 21 | 599 | 569 | 597 | 83 | 79 |
| **按机构所属隶属关系分布** | | | | | | | |
| 中央部门属 | 420 | 346 | 17705 | 14790 | 14327 | 546.5 | 458.8 |
| 中国科学院 | 328 | 259 | 12991 | 10982 | 10125 | 345.3 | 274.6 |
| 地方部门属 | 3386 | 2421 | 192421 | 134119 | 133599 | 9986.5 | 7273.8 |
| 省级部门属 | 2578 | 1823 | 129902 | 93116 | 79157 | 6500.8 | 4557 |
| 地市级部门属 | 633 | 467 | 38647 | 26842 | 33854 | 2205.7 | 1718.8 |
| **按课题来源分布** | | | | | | | |
| 国家科技项目 | 593 | 482 | 31692 | 28242 | 25054 | 1424.4 | 1140.6 |
| 地方科技项目 | 2249 | 1642 | 99740 | 87244 | 64268 | 5742.1 | 3997.9 |
| 企业委托科技项目 | 338 | 216 | 16087 | 2572 | 11796 | 688.5 | 463.3 |
| 自选科技项目 | 396 | 316 | 40208 | 15901 | 36833 | 2017.1 | 1723.2 |
| 国际合作科技项目 | 3 | 2 | 151 | 151 | 21 | 6.9 | 1.9 |
| 其他科技项目 | 227 | 109 | 22247 | 14799 | 9953 | 654 | 405.7 |
| **按课题活动类型分布** | | | | | | | |
| 基础研究 | 693 | 693 | 23591 | 13623 | 23591 | 1296.4 | 1296.4 |
| 应用研究 | 581 | 581 | 25990 | 18586 | 25990 | 1536.9 | 1536.9 |

续表 2-22

| 项目 | 课题数合计（个） | R&D课题 | 课题经费内部支出（万元） | 政府资金 | R&D课题经费 | 课题人员折合全时工作量（人年） | R&D课题人员折合全时工作量 |
|---|---|---|---|---|---|---|---|
| 试验发展 | 1493 | 1493 | 98345 | 64652 | 98345 | 4899.3 | 4899.3 |
| 研究与试验发展成果应用 | 376 | — | 20211 | 16395 | — | 1075.2 | — |
| 技术推广与科技服务 | 663 | — | 41989 | 35653 | — | 1725.2 | — |
| **按课题所属学科分布** | | | | | | | |
| 自然科学领域 | 477 | 346 | 34949 | 23301 | 23156 | 1776 | 1174.1 |
| 　数学 | 4 | 3 | 53 | 5 | 45 | 15.6 | 13 |
| 　信息科学与系统科学 | 45 | 34 | 2181 | 1762 | 1746 | 170.3 | 146 |
| 　力学 | 1 | 1 | 9 | — | 9 | 2 | 2 |
| 　物理学 | 5 | 5 | 1322 | 466 | 1322 | 32 | 32 |
| 　化学 | 17 | 16 | 760 | 48 | 760 | 44 | 42 |
| 　地球科学 | 208 | 138 | 23816 | 14899 | 14713 | 1161.8 | 657.8 |
| 　生物学 | 197 | 149 | 6810 | 6121 | 4561 | 350.3 | 281.3 |
| 农业科学领域 | 1783 | 1303 | 83921 | 67272 | 62158 | 4353.1 | 3214.2 |
| 　农学 | 1271 | 944 | 59154 | 46497 | 43957 | 3012 | 2230.4 |
| 　林学 | 298 | 190 | 10148 | 9853 | 7056 | 620.8 | 435.5 |
| 　畜牧、兽医科学 | 168 | 138 | 10610 | 7779 | 8655 | 525.3 | 392.3 |
| 　水产学 | 46 | 31 | 4009 | 3143 | 2490 | 195 | 156 |
| 医学科学领域 | | | | | | | |
| 　预防医学与公共卫生学 | 2 | 1 | 169 | 155 | 155 | 2.3 | 2 |
| 　药学 | 14 | 10 | 625 | 625 | 69 | 21 | 13 |
| 　中医学与中药学 | 321 | 270 | 9424 | 5065 | 7729 | 490.3 | 385.4 |
| 工程与技术科学领域 | 957 | 635 | 70501 | 46150 | 45544 | 3387.3 | 2533.2 |
| 　工程与技术科学基础学科 | 100 | 88 | 7333 | 2530 | 7014 | 392.2 | 344.5 |
| 　信息与系统科学相关工程与技术 | 15 | 8 | 2256 | 1914 | 2052 | 62.1 | 40.5 |
| 　自然科学相关工程与技术 | 5 | 2 | 1566 | 1566 | 6 | 29.4 | 7.4 |
| 　测绘科学技术 | 82 | 65 | 10526 | 4469 | 7333 | 527.8 | 439.8 |
| 　材料科学 | 8 | 7 | 1207 | 230 | 1008 | 23.1 | 20.2 |
| 　矿山工程技术 | 4 | 3 | 391 | — | 385 | 23.1 | 17.1 |
| 　机械工程 | 24 | 22 | 3300 | 2439 | 2848 | 112 | 101.1 |
| 　动力与电气工程 | 9 | 8 | 1219 | 1041 | 1219 | 35.4 | 34.6 |
| 　能源科学技术 | 12 | 6 | 633 | 472 | 165 | 58.3 | 32.7 |
| 　核科学技术 | 6 | 2 | 415 | 35 | 35 | 30.4 | 10.4 |
| 　电子与通信技术 | 8 | 6 | 4995 | 254 | 4990 | 26 | 19 |

续表 2-22

| 项目 | 课题数合计（个） | R&D课题 | 课题经费内部支出（万元） | 政府资金 | R&D课题经费 | 课题人员折合全时工作量（人年） | R&D课题人员折合全时工作量 |
|---|---|---|---|---|---|---|---|
| 计算机科学技术 | 56 | 51 | 3464 | 2291 | 2888 | 363 | 354.7 |
| 化学工程 | 4 | 4 | 656 | 524 | 656 | 24 | 24 |
| 产品应用相关工程与技术 | 6 | 6 | 146 | 146 | 146 | 16 | 16 |
| 食品科学技术 | 110 | 89 | 1602 | 769 | 1455 | 175.4 | 138.5 |
| 土木建筑工程 | 15 | 10 | 1271 | 638 | 1076 | 73 | 50 |
| 水利工程 | 14 | 9 | 728 | 343 | 633 | 115 | 73 |
| 交通运输工程 | 21 | 7 | 630 | 348 | 410 | 39.6 | 20 |
| 航空、航天科学技术 | 5 | 4 | 990 | 973 | 979 | 44 | 43 |
| 环境科学技术及资源科学技术 | 316 | 159 | 20660 | 18842 | 7962 | 816 | 520.2 |
| 安全科学技术 | 41 | 34 | 406 | 274 | 341 | 117 | 95.4 |
| 管理学 | 96 | 45 | 6108 | 6053 | 1942 | 284.5 | 131.1 |
| 人文与社会科学领域 | 252 | 202 | 10537 | 6341 | 9114 | 503 | 410.7 |
| 艺术学 | 5 | 5 | 546 | 546 | 546 | 10 | 10 |
| 考古学 | 90 | 89 | 7972 | 3875 | 7776 | 149.1 | 144.1 |
| 经济学 | 23 | 8 | 344 | 312 | 89 | 131.5 | 99.1 |
| 社会学 | 6 | 1 | 87 | 87 | 30 | 3 | 0.5 |
| 图书馆、情报与文献学 | 20 | 7 | 480 | 441 | 206 | 41.8 | 12 |
| 教育学 | 78 | 74 | 436 | 408 | 399 | 121.1 | 114 |
| 体育科学 | 17 | 17 | 66 | 66 | 66 | 29 | 29 |
| 统计学 | 13 | 1 | 607 | 606 | 2 | 17.5 | 2 |
| **按课题技术领域分布** | | | | | | | |
| 非技术领域 | 168 | 117 | 7957 | 3800 | 6504 | 451.7 | 385.9 |
| 信息技术 | 179 | 130 | 13685 | 10407 | 9102 | 874.4 | 720.5 |
| 生物和现代农业技术 | 1770 | 1303 | 80682 | 64629 | 57920 | 4265.4 | 3128.4 |
| 新材料技术 | 27 | 22 | 1228 | 251 | 1177 | 61.7 | 48.4 |
| 能源技术 | 24 | 17 | 3377 | 793 | 2484 | 156.1 | 118.1 |
| 先进制造与自动化技术 | 140 | 122 | 12097 | 7425 | 11214 | 453.8 | 408.8 |
| 航天技术 | 5 | 3 | 377 | 360 | 343 | 35 | 33 |
| 资源与环境技术 | 737 | 422 | 46768 | 35243 | 22592 | 2259.2 | 1310.3 |
| 其他技术领域 | 756 | 631 | 43953 | 26000 | 36587 | 1975.7 | 1579.2 |
| **按课题的社会经济目标分布** | | | | | | | |
| 环境保护、生态建设及污染防治 | 579 | 323 | 38927 | 31513 | 16857 | 1662.9 | 962.5 |
| 环境一般问题 | 33 | 18 | 2671 | 2383 | 606 | 130.8 | 53.6 |

续表 2-22

| 项目 | 课题数合计（个） | R&D课题 | 课题经费内部支出（万元） | 政府资金 | R&D课题经费 | 课题人员折合全时工作量（人年） | R&D课题人员折合全时工作量 |
|---|---|---|---|---|---|---|---|
| 环境与资源评估 | 61 | 34 | 2113 | 1647 | 1202 | 211 | 140.2 |
| 环境监测 | 89 | 44 | 3100 | 2471 | 1490 | 214.6 | 129.6 |
| 生态建设 | 135 | 71 | 15607 | 13441 | 5395 | 245.9 | 142.7 |
| 环境污染预防 | 34 | 25 | 4665 | 3509 | 2693 | 157.8 | 123.9 |
| 环境治理 | 188 | 115 | 6275 | 4436 | 4784 | 395.2 | 282.9 |
| 自然灾害的预防、预报 | 39 | 16 | 4497 | 3626 | 688 | 307.6 | 89.6 |
| 能源生产、分配和合理利用 | 64 | 37 | 4969 | 1570 | 3375 | 343 | 206.6 |
| 能源一般问题研究 | 11 | 7 | 441 | 279 | 389 | 53.1 | 31.3 |
| 能源矿产的勘探技术 | 28 | 13 | 2375 | 382 | 1351 | 124.8 | 61 |
| 能源转换技术 | 1 | 1 | 300 | 80 | 300 | 16 | 16 |
| 能源输送、储存与分配技术 | 1 | 1 | 114 | 114 | 114 | 20 | 20 |
| 可再生能源 | 5 | 4 | 699 | 318 | 387 | 26.8 | 18.8 |
| 能源设施和设备建造 | 3 | 2 | 175 | 35 | 65 | 9 | 4 |
| 能源安全生产管理和技术 | 13 | 8 | 863 | 362 | 768 | 91 | 55 |
| 节约能源的技术 | 2 | 1 | 2 | — | 1 | 2.3 | 0.5 |
| 卫生事业发展 | 339 | 288 | 11455 | 6252 | 9241 | 595.4 | 485.9 |
| 诊断与治疗 | 299 | 260 | 8711 | 4492 | 7481 | 425.6 | 361.1 |
| 预防医学 | 2 | 2 | 826 | 20 | 826 | 55 | 55 |
| 公共卫生 | 1 | 1 | 240 | 240 | 240 | 5 | 5 |
| 营养和食品卫生 | 2 | 2 | 7 | 7 | 7 | 10 | 10 |
| 社会医疗 | 2 | 2 | 42 | 7 | 42 | 6.8 | 6.8 |
| 卫生医疗其他研究 | 33 | 21 | 1630 | 1486 | 646 | 93 | 48 |
| 教育事业发展 | 79 | 75 | 438 | 410 | 402 | 124.1 | 117 |
| 教育一般问题 | 78 | 74 | 399 | 372 | 363 | 121.1 | 114 |
| 学历教育 | 1 | 1 | 39 | 39 | 39 | 3 | 3 |
| 基础设施以及城市和农村规划 | 47 | 31 | 5724 | 1892 | 4912 | 246.4 | 203.7 |
| 交通运输 | 5 | 4 | 869 | 24 | 822 | 49 | 47 |
| 通信 | 3 | 1 | 44 | 44 | 9 | 2.7 | 0.8 |
| 城市规划与市政工程 | 19 | 13 | 3596 | 784 | 3232 | 136.9 | 119.1 |
| 农村发展规划与建设 | 16 | 9 | 1047 | 968 | 680 | 46.3 | 25.3 |
| 交通运输、通信、城市与农村发展对环境的影响 | 4 | 4 | 168 | 72 | 168 | 11.5 | 11.5 |
| 基础社会发展和社会服务 | 409 | 292 | 27592 | 19700 | 17224 | 1401 | 967.8 |

续表 2-22

| 项目 | 课题数合计（个） | R&D课题 | 课题经费内部支出（万元） | 政府资金 | R&D课题经费 | 课题人员折合全时工作量（人年） | R&D课题人员折合全时工作量 |
|---|---|---|---|---|---|---|---|
| 社会发展和社会服务一般问题 | 38 | 25 | 605 | 575 | 487 | 72.9 | 49.7 |
| 社会保障 | 1 | 1 | 1 | 1 | 1 | 20 | 20 |
| 公共安全 | 48 | 36 | 573 | 424 | 489 | 130.1 | 102.2 |
| 社会管理 | 2 | 2 | 2 | 2 | 2 | 50 | 50 |
| 遗产保护 | 92 | 91 | 8542 | 4445 | 8346 | 153.1 | 148.1 |
| 文艺、娱乐 | 3 | 3 | 8 | 8 | 8 | 5 | 5 |
| 科技发展 | 74 | 39 | 4750 | 4553 | 1544 | 227.4 | 131.6 |
| 国土资源管理 | 86 | 53 | 10367 | 7197 | 4349 | 540.9 | 309.1 |
| 其他社会发展和社会服务 | 65 | 42 | 2744 | 2495 | 1998 | 201.6 | 152.1 |
| 地球和大气层的探索与利用 | 88 | 63 | 8188 | 6289 | 6642 | 323 | 232.1 |
| 地壳、地幔，海底的探测和研究 | 22 | 13 | 181 | 140 | 146 | 62.4 | 30.2 |
| 水文地理 | 12 | 9 | 978 | 726 | 725 | 26.8 | 15.4 |
| 大气 | 15 | 14 | 4436 | 4436 | 4426 | 135 | 132 |
| 地球探测和开发其他研究 | 39 | 27 | 2594 | 987 | 1346 | 98.8 | 54.5 |
| 民用空间探测及开发 | 8 | 7 | 930 | 874 | 919 | 31.3 | 30.3 |
| 发射与控制系统 | 5 | 5 | 279 | 239 | 279 | 12.3 | 12.3 |
| 卫星服务 | 3 | 2 | 652 | 635 | 641 | 19 | 18 |
| 农林牧渔业发展 | 1763 | 1304 | 82272 | 66625 | 60967 | 4354 | 3244.4 |
| 农林牧渔业发展一般问题 | 242 | 159 | 9980 | 8115 | 6975 | 565.6 | 365.5 |
| 农作物种植及培育 | 836 | 611 | 38591 | 31240 | 29858 | 1953.1 | 1462.7 |
| 林业和林产品 | 129 | 83 | 4899 | 4804 | 3536 | 329.7 | 234.9 |
| 畜牧业 | 157 | 131 | 7503 | 5333 | 5845 | 408.7 | 302.9 |
| 渔业 | 42 | 32 | 2500 | 1733 | 1583 | 155.1 | 139.1 |
| 农林牧渔业体系支撑 | 318 | 259 | 16134 | 13094 | 10834 | 835.8 | 644.5 |
| 农林牧渔业生产中污染的防治与处理 | 39 | 29 | 2665 | 2306 | 2335 | 106 | 94.8 |
| 工商业发展 | 407 | 329 | 21368 | 12895 | 19331 | 1309.7 | 1166.1 |
| 促进工商业发展的一般问题 | 23 | 14 | 1138 | 969 | 912 | 57.7 | 46.1 |
| 非能源资源矿产的开采 | 3 | 2 | 238 | 149 | 55 | 8 | 6 |
| 食品、饮料和烟草制品业 | 47 | 30 | 480 | 473 | 371 | 99.7 | 68.4 |
| 非金属与金属制品业 | 2 | 2 | 25 | 13 | 25 | 5 | 5 |
| 机械制造业(不包括电子设备、仪器仪表及办公机械 | 31 | 17 | 4098 | 3711 | 3457 | 99.5 | 76.1 |
| 电子设备、仪器仪表及办公机械 | 3 | 3 | 720 | 720 | 720 | 9.8 | 9.8 |

续表 2-22

| 项目 | 课题数合计（个） | R&D课题 | 课题经费内部支出（万元） | 政府资金 | R&D课题经费 | 课题人员折合全时工作量（人年） | R&D课题人员折合全时工作量 |
|---|---|---|---|---|---|---|---|
| 其他制造业 | 7 | 5 | 1146 | 914 | 1142 | 36 | 29 |
| 建筑业 | 11 | 8 | 739 | 382 | 674 | 33 | 26 |
| 信息与通信技术(ICT)服务业 | 16 | 11 | 993 | 23 | 832 | 58.1 | 46.2 |
| 技术服务业 | 255 | 235 | 11624 | 5458 | 11113 | 883.8 | 841.1 |
| 商业及其他服务业 | 1 | — | 2 | — | — | 2.2 | — |
| 工商业活动中的环境保护、污染防治与处理 | 8 | 2 | 164 | 83 | 31 | 16.9 | 12.4 |
| 非定向研究 | 4 | 4 | 211 | 211 | 211 | 25.7 | 25.7 |
| 自然科学的非定向研究 | 1 | 1 | — | — | — | 4 | 4 |
| 工程与技术科学领域的非定向研究 | 1 | 1 | 126 | 126 | 126 | 10 | 10 |
| 农业科学的非定向研究 | 1 | 1 | 29 | 29 | 29 | 1.7 | 1.7 |
| 人文科学领域的非定向研究 | 1 | 1 | 56 | 56 | 56 | 10 | 10 |
| 其他民用目标 | 17 | 12 | 7712 | 339 | 7506 | 91.5 | 65.5 |
| 国防 | 2 | 2 | 338 | 338 | 338 | 25 | 25 |
| **按课题合作形式分布** | | | | | | | |
| 独立完成 | 3220 | 2363 | 168937 | 120254 | 114079 | 8233.7 | 5959.9 |
| 与境内独立研究机构合作 | 201 | 153 | 13804 | 8482 | 11757 | 798.8 | 662.3 |
| 与境内高等学校合作 | 191 | 146 | 16212 | 10459 | 15228 | 753.9 | 623.2 |
| 与境内注册其他企业合作 | 85 | 60 | 5208 | 4248 | 4128 | 379.9 | 324.7 |
| 与境外机构合作 | 6 | 4 | 96 | 96 | 65 | 11.1 | 7.1 |
| 其他 | 103 | 41 | 5869 | 5369 | 2668 | 355.6 | 155.4 |
| **按课题服务的国民经济行业分布** | | | | | | | |
| 农、林、牧、渔业 | 1615 | 1160 | 74259 | 60929 | 51771 | 3998.5 | 2856.6 |
| 农业 | 1047 | 749 | 47753 | 37606 | 33340 | 2451.1 | 1735 |
| 林业 | 174 | 123 | 6393 | 6097 | 5282 | 470.8 | 349.6 |
| 畜牧业 | 157 | 131 | 7503 | 5333 | 5845 | 408.7 | 302.9 |
| 渔业 | 42 | 32 | 2500 | 1733 | 1583 | 155.1 | 139.1 |
| 农、林、牧、渔专业及辅助性活动 | 234 | 160 | 10153 | 9476 | 6047 | 555 | 370.5 |
| 采矿业 | 10 | 4 | 1259 | 1249 | 15 | 111.4 | 4.1 |
| 黑色金属矿采选业 | 3 | 1 | 28 | 24 | 4 | 2.3 | 1 |
| 有色金属矿采选业 | 4 | 2 | 106 | 100 | 6 | 24.1 | 2.1 |
| 非金属矿采选业 | 2 | — | 1120 | 1120 | — | 84 | — |
| 开采专业及辅助性活动 | 1 | 1 | 5 | 5 | 5 | 1 | 1 |

续表 2-22

| 项目 | 课题数合计（个） | R&D课题 | 课题经费内部支出（万元） | 政府资金 | R&D课题经费 | 课题人员折合全时工作量（人年） | R&D课题人员折合全时工作量 |
|---|---|---|---|---|---|---|---|
| 制造业 | 216 | 150 | 17230 | 8830 | 15457 | 661.1 | 531 |
| 农副食品加工业 | 74 | 51 | 1608 | 1435 | 1319 | 171.2 | 125.2 |
| 食品制造业 | 11 | 7 | 163 | 103 | 133 | 29.6 | 22.1 |
| 酒、饮料和精制茶制造业 | 2 | 1 | 21 | 21 | 9 | 6 | 3 |
| 烟草制品业 | 5 | 3 | 171 | 100 | 117 | 8.5 | 6 |
| 木材加工和木、竹、藤、棕、草制品业 | 10 | 5 | 133 | 133 | 56 | 10.1 | 5.9 |
| 家具制造业 | 1 | — | 18 | 18 | — | 0.8 | — |
| 石油、煤炭及其他燃料加工业 | 1 | 1 | — | — | — | 1.2 | 1.2 |
| 化学原料和化学制品制造业 | 11 | 8 | 332 | 176 | 270 | 41 | 32.2 |
| 医药制造业 | 27 | 19 | 794 | 759 | 229 | 39.7 | 24.7 |
| 非金属矿物制品业 | 2 | 2 | 73 | 61 | 73 | 6 | 6 |
| 金属制品业 | 1 | 1 | — | — | — | 1.5 | 1.5 |
| 通用设备制造业 | 20 | 18 | 1184 | 953 | 749 | 78.4 | 66.6 |
| 专用设备制造业 | 15 | 14 | 7662 | 658 | 7657 | 142.2 | 138.9 |
| 汽车制造业 | 27 | 13 | 4150 | 3868 | 3930 | 76.3 | 56.1 |
| 铁路、船舶、航空航天和其他运输设备制造业 | 2 | 2 | 670 | 531 | 670 | 15 | 15 |
| 电气机械和器械制造业 | | | | | | | |
| 计算机、通信和其他电子设备制造业 | 4 | 2 | 221 | — | 216 | 25.2 | 18.2 |
| 仪器仪表制造业 | 1 | 1 | 1 | — | 1 | 2 | 2 |
| 其他制造业 | 7 | 5 | 1146 | 914 | 1142 | 36 | 29 |
| 电力、热力、燃气及水生产和供应业 | 14 | 8 | 558 | 139 | 379 | 58.8 | 43.2 |
| 电力、热力生产和供应业 | 11 | 5 | 349 | 139 | 171 | 43.9 | 28.3 |
| 燃气生产和供应业 | 2 | 2 | 8 | — | 8 | 6.9 | 6.9 |
| 水的生产和供应业 | 1 | 1 | 200 | — | 200 | 8 | 8 |
| 建筑业 | 11 | 8 | 739 | 382 | 674 | 33 | 26 |
| 土木工程建筑业 | 14 | 11 | 1363 | 885 | 1298 | 82 | 75 |
| 批发和零售业 | 3 | 3 | 77 | 77 | 77 | 4 | 4 |
| 批发业 | 3 | 3 | 77 | 77 | 77 | 4 | 4 |
| 交通运输、仓储和邮政业 | 1 | — | 136 | — | — | 6 | |
| 道路运输业 | 1 | — | 136 | — | — | 6 | |
| 信息传输、软件和信息技术服务业 | 24 | 16 | 2871 | 1651 | 2683 | 158 | 133.9 |
| 电信、广播电视和卫星传输服务 | 4 | 2 | 659 | 637 | 641 | 21.6 | 18 |

续表 2-22

| 项目 | 课题数合计（个） | R&D课题 | 课题经费内部支出（万元） | 政府资金 | R&D课题经费 | 课题人员折合全时工作量（人年） | R&D课题人员折合全时工作量 |
|---|---|---|---|---|---|---|---|
| 互联网和相关服务 | 5 | 1 | 369 | 17 | 207 | 21.4 | 5 |
| 软件和信息技术服务业 | 15 | 13 | 1842 | 997 | 1836 | 115 | 110.9 |
| 金融业 | 2 | 1 | 141 | 141 | 129 | 9 | 8 |
| 货币金融服务 | 1 | 1 | 129 | 129 | 129 | 8 | 8 |
| 资本市场服务 | 1 | — | 12 | 12 | — | 1 | — |
| 租赁和商务服务业 | 4 | 1 | 23 | 1 | 2 | 7.2 | 2.2 |
| 商务服务业 | 4 | 1 | 23 | 1 | 2 | 7.2 | 2.2 |
| 科学研究和技术服务业 | 1187 | 943 | 72564 | 44729 | 50912 | 3489 | 2810.7 |
| 研究和试验发展 | 425 | 420 | 13396 | 9137 | 13276 | 942.8 | 935.8 |
| 专业技术服务业 | 622 | 474 | 53030 | 31400 | 34019 | 2251.1 | 1742.6 |
| 科技推广和应用服务业 | 140 | 49 | 6138 | 4192 | 3617 | 295.1 | 132.3 |
| 水利、环境和公共设施管理业 | 490 | 273 | 25922 | 20893 | 15723 | 1440.4 | 888.6 |
| 水利管理业 | 20 | 9 | 1606 | 974 | 633 | 172.9 | 73 |
| 生态保护和环境治理业 | 420 | 241 | 19174 | 16513 | 12729 | 1055.4 | 699 |
| 公共设施管理业 | 15 | 6 | 2074 | 749 | 1369 | 87 | 58.7 |
| 土地管理业 | 35 | 17 | 3068 | 2657 | 993 | 125.1 | 57.9 |
| 居民服务、修理和其他服务业 | 1 | 1 | 58 | 58 | 58 | 4 | 4 |
| 其他服务业 | 1 | 1 | 58 | 58 | 58 | 4 | 4 |
| 教育 | 89 | 77 | 998 | 901 | 468 | 134.8 | 121 |
| 教育 | 89 | 77 | 998 | 901 | 468 | 134.8 | 121 |
| 卫生和社会工作 | 10 | 4 | 687 | 554 | 203 | 26.8 | 12.6 |
| 卫生 | 10 | 4 | 687 | 554 | 203 | 26.8 | 12.6 |
| 文化、体育和娱乐业 | 113 | 112 | 8856 | 4759 | 8660 | 191.7 | 186.7 |
| 文化艺术业 | 95 | 94 | 8644 | 4547 | 8448 | 158.1 | 153.1 |
| 体育 | 18 | 18 | 212 | 212 | 212 | 33.6 | 33.6 |
| 公共管理、社会保障和社会组织 | 13 | 3 | 3125 | 3114 | 90 | 150.3 | 51 |
| 中国共产党机关 | 1 | 1 | 88 | 88 | 88 | 6 | 6 |
| 国家机构 | 9 | 1 | 1206 | 1195 | 1 | 62.3 | 25 |
| 社会保障 | 1 | 1 | 1 | 1 | 1 | 20 | 20 |
| 群众团体、社会团体和其他成员组织 | 2 | — | 1830 | 1830 | — | 62 | — |

## 表 2-23　课题经费内部支出按活动类型分布

计量单位：万元

| 项目 | 课题经费内部支出 | 基础研究 | 应用研究 | 试验发展 | R&D成果应用 | 科技服务 |
|---|---|---|---|---|---|---|
| **总计** | 210126 | 23591 | 25990 | 98345 | 20211 | 41989 |
| **按机构所属地域分布** | | | | | | |
| 　全省 | 210126 | 23591 | 25990 | 98345 | 20211 | 41989 |
| 　　长沙市 | 145455 | 17462 | 16503 | 59232 | 14416 | 37842 |
| 　　株洲市 | 696 | — | — | 500 | 193 | 4 |
| 　　湘潭市 | 16838 | 810 | 5059 | 10970 | — | — |
| 　　衡阳市 | 751 | 17 | 22 | 405 | 208 | 99 |
| 　　邵阳市 | 1060 | — | 129 | 652 | 264 | 15 |
| 　　岳阳市 | 3458 | 3000 | — | 218 | 111 | 129 |
| 　　常德市 | 6633 | 37 | 865 | 4095 | 915 | 723 |
| 　　张家界市 | 341 | 10 | 30 | 196 | 43 | 62 |
| 　　益阳市 | 2281 | — | 325 | 1765 | 169 | 22 |
| 　　郴州市 | 6648 | 17 | 389 | 4042 | 1209 | 992 |
| 　　永州市 | 12910 | 2027 | 537 | 7711 | 1592 | 1043 |
| 　　怀化市 | 11957 | 23 | 2132 | 7884 | 990 | 929 |
| 　　娄底市 | 497 | 188 | — | 79 | 102 | 128 |
| 　　湘西州 | 599 | — | — | 597 | — | 2 |
| **按机构所属隶属关系分布** | | | | | | |
| 　中央部门属 | 17705 | 6463 | 2759 | 5105 | 1164 | 2214 |
| 　　中国科学院 | 12991 | 5516 | 763 | 3847 | 1164 | 1702 |
| 　地方部门属 | 192421 | 17127 | 23231 | 93240 | 19047 | 39775 |
| 　　省级部门属 | 129902 | 10914 | 13796 | 54446 | 13705 | 37041 |
| 　　地市级部门属 | 38647 | 1930 | 7077 | 24847 | 3442 | 1352 |
| **按课题来源分布** | | | | | | |
| 　国家科技项目 | 31692 | 6917 | 5833 | 12305 | 5391 | 1247 |
| 　地方科技项目 | 99740 | 7354 | 12489 | 44425 | 11330 | 24143 |
| 　企业委托科技项目 | 16087 | 155 | 2314 | 9327 | 1116 | 3176 |
| 　自选科技项目 | 40208 | 8764 | 4940 | 23129 | 1788 | 1587 |
| 　国际合作科技项目 | 151 | 7 | — | 14 | — | 130 |
| 　其他科技项目 | 22247 | 395 | 413 | 9145 | 587 | 11707 |

续表 2-23

| 项目 | 课题经费内部支出 | 基础研究 | 应用研究 | 试验发展 | R&D成果应用 | 科技服务 |
|---|---|---|---|---|---|---|
| **按课题所属学科分布** | | | | | | |
| 自然科学领域 | 34949 | 5820 | 4585 | 12752 | 2588 | 9205 |
| 数学 | 53 | — | — | 45 | — | 8 |
| 信息科学与系统科学 | 2181 | 23 | 1220 | 503 | 46 | 389 |
| 力学 | 9 | — | — | 9 | — | — |
| 物理学 | 1322 | 835 | — | 487 | — | — |
| 化学 | 760 | 672 | 1 | 87 | — | — |
| 地球科学 | 23816 | 1029 | 3130 | 10555 | 1204 | 7898 |
| 生物学 | 6810 | 3261 | 235 | 1066 | 1339 | 910 |
| 农业科学领域 | 83921 | 9257 | 7785 | 45117 | 12075 | 9689 |
| 农学 | 59154 | 6417 | 5173 | 32367 | 7611 | 7586 |
| 林学 | 10148 | 679 | 1512 | 4866 | 1882 | 1210 |
| 畜牧、兽医科学 | 10610 | 1581 | 747 | 6328 | 1414 | 542 |
| 水产学 | 4009 | 580 | 353 | 1557 | 1168 | 351 |
| 医药科学领域 | 10217 | 977 | 1837 | 5139 | 1202 | 1063 |
| 预防医学与公共卫生学 | 169 | — | — | 155 | — | 14 |
| 药学 | 625 | — | 3 | 66 | 554 | 2 |
| 中医学与中药学 | 9424 | 977 | 1834 | 4918 | 648 | 1047 |
| 工程与技术科学领域 | 70501 | 2737 | 8712 | 34096 | 4329 | 20628 |
| 工程与技术科学基础学科 | 7333 | 277 | 1371 | 5366 | 96 | 223 |
| 信息与系统科学相关工程与技术 | 2256 | — | — | 2053 | 39 | 165 |
| 自然科学相关工程与技术 | 1566 | — | — | 6 | — | 1560 |
| 测绘科学技术 | 10526 | 10 | 2746 | 4578 | 1321 | 1872 |
| 材料科学 | 1207 | 967 | 15 | 26 | — | 198 |
| 矿山工程技术 | 391 | — | 377 | 7 | 7 | — |
| 机械工程 | 3300 | — | 74 | 2775 | 451 | — |
| 动力与电气工程 | 1220 | 35 | 35 | 1150 | — | — |
| 能源科学技术 | 633 | 25 | 9 | 132 | 1 | 467 |
| 核科学技术 | 415 | — | — | 35 | — | 380 |
| 电子与通信技术 | 4995 | — | 3 | 4987 | 5 | — |
| 计算机科学技术 | 3465 | — | 30 | 2858 | — | 576 |

续表 2-23

| 项目 | 课题经费内部支出 | 基础研究 | 应用研究 | 试验发展 | R&D成果应用 | 科技服务 |
|---|---|---|---|---|---|---|
| 化学工程 | 656 | — | — | 656 | — | — |
| 产品应用相关工程与技术 | 146 | — | 146 | — | — | — |
| 食品科学技术 | 1602 | 28 | 134 | 1293 | 121 | 27 |
| 土木建筑工程 | 1271 | 529 | 156 | 391 | 30 | 165 |
| 水利工程 | 728 | 56 | 576 | — | 95 | — |
| 交通运输工程 | 630 | — | — | 410 | 52 | 168 |
| 航空、航天科学技术 | 990 | — | — | 979 | 11 | — |
| 环境科学技术及资源科学技术 | 20660 | 808 | 3025 | 4129 | 1254 | 11443 |
| 安全科学技术 | 406 | — | 3 | 338 | 45 | 20 |
| 管理学 | 6108 | 1 | 13 | 1928 | 801 | 3365 |
| 人文与社会科学领域 | 10537 | 4800 | 3072 | 1242 | 17 | 1405 |
| 艺术学 | 546 | — | 150 | 395 | — | — |
| 考古学 | 7972 | 4770 | 2331 | 675 | — | 196 |
| 经济学 | 344 | 30 | 35 | 25 | 11 | 243 |
| 社会学 | 87 | — | 30 | — | — | 57 |
| 图书馆、情报与文献学 | 480 | — | 125 | 81 | — | 274 |
| 教育学 | 436 | — | 399 | — | 7 | 30 |
| 体育科学 | 66 | — | — | 66 | — | — |
| 统计学 | 607 | — | 2 | — | — | 605 |
| **按课题技术领域分布** | | | | | | |
| 非技术领域 | 7957 | 4793 | 565 | 1146 | 12 | 1441 |
| 信息技术 | 13685 | 5 | 2293 | 6804 | 1410 | 3172 |
| 生物和现代农业技术 | 80682 | 8710 | 7470 | 41741 | 12482 | 10280 |
| 新材料技术 | 1228 | 1018 | 15 | 144 | 35 | 16 |
| 能源技术 | 3377 | 1849 | 467 | 169 | 201 | 692 |
| 先进制造与自动化技术 | 12097 | 323 | 1301 | 9590 | 507 | 376 |
| 航天技术 | 377 | — | — | 343 | 11 | 22 |
| 资源与环境技术 | 46768 | 4578 | 5483 | 12532 | 3955 | 20221 |
| 其他技术领域 | 43953 | 2314 | 8397 | 25876 | 1598 | 5769 |
| **按课题的社会经济目标分布** | | | | | | |
| 环境保护、生态建设及污染防治 | 38927 | 3928 | 3488 | 9442 | 2690 | 19380 |

续表 2-23

| 项目 | 课题经费内部支出 | 基础研究 | 应用研究 | 试验发展 | R&D成果应用 | 科技服务 |
|---|---|---|---|---|---|---|
| 环境一般问题 | 2671 | 359 | — | 248 | 467 | 1598 |
| 环境与资源评估 | 2113 | 250 | 405 | 548 | 105 | 806 |
| 环境监测 | 3100 | 263 | 209 | 1019 | 255 | 1355 |
| 生态建设 | 15607 | 1216 | 536 | 3643 | 125 | 10088 |
| 环境污染预防 | 4665 | 722 | 1356 | 615 | 389 | 1583 |
| 环境治理 | 6275 | 1106 | 615 | 3063 | 644 | 847 |
| 自然灾害的预防、预报 | 4497 | 13 | 368 | 306 | 706 | 3103 |
| 能源生产、分配和合理利用 | 4969 | 385 | 1695 | 1296 | 541 | 1053 |
| 能源一般问题研究 | 441 | 23 | 103 | 263 | 7 | 45 |
| 能源矿产的勘探技术 | 2375 | 25 | 559 | 767 | 439 | 586 |
| 能源转换技术 | 300 | 300 | — | — | — | — |
| 能源输送、储存与分配技术 | 114 | — | — | 114 | | |
| 可再生能源 | 699 | 1 | 377 | 9 | — | 312 |
| 能源设施和设备建造 | 175 | 35 | 30 | — | — | 110 |
| 能源安全生产管理和技术 | 863 | — | 625 | 143 | 95 | — |
| 节约能源的技术 | 2 | — | 1 | — | 1 | |
| 卫生事业发展 | 11455 | 977 | 1835 | 6430 | 1202 | 1012 |
| 诊断与治疗 | 8711 | 977 | 1820 | 4684 | 452 | 778 |
| 预防医学 | 826 | — | — | 826 | | |
| 公共卫生 | 240 | — | — | 240 | | |
| 营养和食品卫生 | 7 | — | — | 7 | | |
| 社会医疗 | 43 | — | — | 12 | 31 | |
| 卫生医疗其他研究 | 1630 | — | 3 | 643 | 750 | 234 |
| 教育事业发展 | 438 | — | 402 | — | 7 | 30 |
| 教育一般问题 | 399 | — | 363 | — | 7 | 30 |
| 学历教育 | 39 | — | 39 | — | | |
| 基础设施以及城市和农村规划 | 5724 | — | 2320 | 2591 | 441 | 372 |
| 交通运输 | 869 | — | | 822 | 47 | |
| 通信 | 44 | — | | 9 | — | 35 |
| 城市规划与市政工程 | 3596 | — | 2092 | 1140 | 350 | 14 |
| 农村发展规划与建设 | 1048 | — | 156 | 524 | 44 | 324 |

续表 2-23

| 项目 | 课题经费内部支出 | 基础研究 | 应用研究 | 试验发展 | R&D成果应用 | 科技服务 |
|---|---|---|---|---|---|---|
| 交通运输、通信、城市与农村发展对环境的影响 | 168 | — | 72 | 96 | — | — |
| 基础社会发展和社会服务 | 27592 | 5022 | 4651 | 7551 | 2179 | 8189 |
| 社会发展和社会服务一般问题 | 605 | 78 | 329 | 79 | — | 118 |
| 社会保障 | 1 | — | 1 | — | — | — |
| 公共安全 | 573 | — | 208 | 281 | 8 | 76 |
| 社会管理 | 2 | — | 2 | — | — | — |
| 遗产保护 | 8542 | 4770 | 2331 | 1245 | — | 196 |
| 文艺、娱乐 | 8 | — | 8 | — | — | — |
| 科技发展 | 4750 | 34 | 88 | 1421 | 1104 | 2102 |
| 国土资源管理 | 10367 | 128 | 681 | 3540 | 1065 | 4953 |
| 其他社会发展和社会服务 | 2744 | 11 | 1010 | 977 | 3 | 743 |
| 地球和大气层的探索与利用 | 8188 | 837 | 1069 | 4737 | 19 | 1527 |
| 地壳、地幔，海底的探测和研究 | 181 | 90 | 21 | 34 | 5 | 30 |
| 水文地理 | 978 | 644 | 72 | 9 | — | 253 |
| 大气 | 4436 | — | 730 | 3696 | — | 10 |
| 地球探测和开发其他研究 | 2594 | 103 | 246 | 998 | 14 | 1234 |
| 民用空间探测及开发 | 930 | — | — | 919 | 11 | — |
| 发射与控制系统 | 279 | — | — | 279 | — | — |
| 卫星服务 | 652 | — | — | 641 | 11 | — |
| 农林牧渔业发展 | 82272 | 8949 | 8159 | 43859 | 12145 | 9160 |
| 农林牧渔业发展一般问题 | 9980 | 728 | 2976 | 3271 | 882 | 2123 |
| 农作物种植及培育 | 38591 | 3111 | 2735 | 24012 | 4641 | 4092 |
| 林业和林产品 | 4899 | 381 | 511 | 2645 | 926 | 437 |
| 畜牧业 | 7503 | 1755 | 668 | 3421 | 1198 | 461 |
| 渔业 | 2500 | 445 | 385 | 754 | 575 | 342 |
| 农林牧渔业体系支撑 | 16134 | 2329 | 759 | 7747 | 3706 | 1594 |
| 农林牧渔业生产中污染的防治与处理 | 2665 | 200 | 126 | 2009 | 219 | 112 |
| 工商业发展 | 21369 | 938 | 2095 | 16298 | 937 | 1101 |
| 促进工商业发展的一般问题 | 1138 | — | 194 | 718 | 181 | 46 |
| 非能源资源矿产的开采 | 238 | — | 55 | — | — | 183 |
| 食品、饮料和烟草制品业 | 480 | 28 | — | 343 | 90 | 19 |

续表 2-23

| 项目 | 课题经费内部支出 | 基础研究 | 应用研究 | 试验发展 | R&D成果应用 | 科技服务 |
|---|---|---|---|---|---|---|
| 非金属与金属制品业 | 25 | — | — | 25 | — | — |
| 机械制造业(不包括电子设备、仪器仪表及办公机械 | 4098 | — | 53 | 3404 | 487 | 155 |
| 电子设备、仪器仪表及办公机械 | 720 | — | — | 720 | — | — |
| 其他制造业 | 1146 | — | — | 1142 | 5 | — |
| 建筑业 | 739 | 529 | — | 145 | — | 65 |
| 信息与通信技术(ICT)服务业 | 993 | — | 7 | 825 | — | 161 |
| 技术服务业 | 11624 | 381 | 1786 | 8946 | 170 | 341 |
| 商业及其他服务业 | 2 | — | — | — | — | 2 |
| 工商业活动中的环境保护、污染防治与处理 | 164 | — | — | 31 | 4 | 129 |
| 非定向研究 | 211 | 85 | 126 | — | — | — |
| 工程与技术科学领域的非定向研究 | 126 | — | 126 | — | — | — |
| 农业科学的非定向研究 | 29 | 29 | — | — | — | — |
| 人文科学领域的非定向研究 | 56 | 56 | — | — | — | — |
| 其他民用目标 | 7712 | 2471 | 150 | 4885 | 40 | 166 |
| 国防 | 338 | — | — | 338 | — | — |
| **按课题合作形式分布** | | | | | | |
| 独立完成 | 168937 | 21988 | 18997 | 73094 | 16330 | 38527 |
| 与境内独立研究机构合作 | 13804 | 660 | 3046 | 8051 | 1266 | 781 |
| 与境内高等学校合作 | 16212 | 411 | 1526 | 13292 | 443 | 541 |
| 与境内注册其他企业合作 | 5208 | 306 | 2356 | 1467 | 657 | 423 |
| 与境外机构合作 | 96 | — | — | 65 | 8 | 22 |
| 其他 | 5869 | 226 | 66 | 2376 | 1506 | 1695 |
| **按课题服务的国民经济行业分布** | | | | | | |
| 农、林、牧、渔业 | 74259 | 7428 | 4952 | 39390 | 13206 | 9283 |
| 农业 | 47753 | 4082 | 2302 | 26956 | 7823 | 6591 |
| 林业 | 6393 | 537 | 1164 | 3582 | 671 | 440 |
| 畜牧业 | 7503 | 1755 | 668 | 3421 | 1198 | 461 |
| 渔业 | 2500 | 445 | 385 | 754 | 575 | 342 |
| 农、林、牧、渔专业及辅助性活动 | 10153 | 936 | 496 | 4615 | 2613 | 1493 |
| 采矿业 | 1259 | — | 3 | 12 | 101 | 1143 |
| 黑色金属矿采选业 | 28 | — | — | 4 | 1 | 23 |

续表 2-23

| 项目 | 课题经费内部支出 | 基础研究 | 应用研究 | 试验发展 | R&D成果应用 | 科技服务 |
|---|---|---|---|---|---|---|
| 有色金属矿采选业 | 106 | — | 3 | 3 | 100 | — |
| 非金属矿采选业 | 1120 | — | — | — | — | 1120 |
| 开采专业及辅助性活动 | 5 | — | — | 5 | — | — |
| 制造业 | 17230 | 1282 | 570 | 13606 | 1384 | 389 |
| 农副食品加工业 | 1608 | 28 | 309 | 982 | 189 | 99 |
| 食品制造业 | 163 | 30 | 37 | 66 | 16 | 15 |
| 酒、饮料和精制茶制造业 | 21 | — | — | 9 | 12 | — |
| 烟草制品业 | 171 | — | 4 | 113 | — | 54 |
| 木材加工和木、竹、藤、棕、草制品业 | 133 | 5 | — | 51 | 42 | 35 |
| 家具制造业 | 18 | — | — | — | 18 | — |
| 化学原料和化学制品制造业 | 332 | — | 45 | 225 | 60 | 2 |
| 医药制造业 | 794 | 14 | 90 | 125 | 555 | 10 |
| 非金属矿物制品业 | 73 | — | — | 73 | — | — |
| 通用设备制造业 | 1184 | — | 53 | 696 | 436 | — |
| 专用设备制造业 | 7662 | 1205 | 4 | 6448 | — | 5 |
| 汽车制造业 | 4150 | — | — | 3930 | 52 | 168 |
| 铁路、船舶、航空航天和其他运输设备制造业 | 670 | — | — | 670 | — | — |
| 电气机械和器材制造业 | 9 | — | 9 | — | — | — |
| 计算机、通信和其他电子设备制造业 | 221 | — | — | 216 | 5 | — |
| 仪器仪表制造业 | 1 | — | — | 1 | — | — |
| 其他制造业 | 1146 | — | — | 1142 | 5 | — |
| 电力、热力、燃气及水生产和供应业 | 558 | — | 230 | 149 | — | 179 |
| 电力、热力生产和供应业 | 349 | — | 30 | 141 | — | 179 |
| 燃气生产和供应业 | 8 | — | — | 8 | — | — |
| 水的生产和供应业 | 200 | — | 200 | — | — | — |
| 建筑业 | 739 | 529 | — | 145 | — | 65 |
| 土木工程建筑业 | 1363 | — | 675 | 623 | — | 65 |
| 批发和零售业 | 77 | 3 | — | 74 | — | — |
| 批发业 | 77 | 3 | — | 74 | — | — |
| 交通运输、仓储和邮政业 | 136 | — | — | — | — | 136 |
| 道路运输业 | 136 | — | — | — | — | 136 |
| 信息传输、软件和信息技术服务业 | 2871 | — | 997 | 1687 | 14 | 173 |

续表 2-23

| 项目 | 课题经费内部支出 | 基础研究 | 应用研究 | 试验发展 | R&D成果应用 | 科技服务 |
|---|---|---|---|---|---|---|
| 电信、广播电视和卫星传输服务 | 659 | — | — | 641 | 11 | 8 |
| 互联网和相关服务 | 369 | — | — | 207 | — | 162 |
| 软件和信息技术服务业 | 1842 | — | 997 | 840 | 3 | 3 |
| 金融业 | 141 | — | 129 | — | — | 12 |
| 货币金融服务 | 129 | — | 129 | — | — | — |
| 资本市场服务 | 12 | — | — | — | — | 12 |
| 租赁和商务服务业 | 23 | — | — | 2 | — | 21 |
| 商务服务业 | 23 | — | — | 2 | — | 21 |
| 科学研究和技术服务业 | 72564 | 6223 | 11366 | 33323 | 3013 | 18638 |
| 研究和试验发展 | 13396 | 2544 | 4017 | 6715 | — | 121 |
| 专业技术服务业 | 53030 | 2172 | 7181 | 24666 | 2866 | 16145 |
| 科技推广和应用服务业 | 6138 | 1507 | 169 | 1942 | 147 | 2373 |
| 水利、环境和公共设施管理业 | 25922 | 3879 | 4182 | 7662 | 2297 | 7903 |
| 水利管理业 | 1606 | 56 | 576 | — | 131 | 843 |
| 生态保护和环境治理业 | 19174 | 3695 | 3444 | 5590 | 1223 | 5223 |
| 公共设施管理业 | 2074 | — | 92 | 1277 | 273 | 432 |
| 土地管理业 | 3068 | 128 | 70 | 795 | 670 | 1405 |
| 居民服务、修理和其他服务业 | 58 | — | — | 58 | — | — |
| 其他服务业 | 58 | — | — | 58 | — | — |
| 教育 | 998 | — | 402 | 66 | 7 | 523 |
| 教育 | 998 | — | 402 | 66 | 7 | 523 |
| 卫生和社会工作 | 687 | 5 | — | 198 | 190 | 295 |
| 卫生 | 687 | 5 | — | 198 | 190 | 295 |
| 文化、体育和娱乐业 | 8856 | 4770 | 2481 | 1408 | — | 196 |
| 文化艺术业 | 8644 | 4770 | 2481 | 1196 | — | 196 |
| 体育 | 212 | — | — | 212 | — | — |
| 公共管理、社会保障和社会组织 | 3125 | — | 2 | 88 | — | 3035 |
| 中国共产党机关 | 88 | — | — | 88 | — | — |
| 国家机构 | 1206 | — | 1 | — | — | 1205 |
| 社会保障 | 1 | — | 1 | — | — | — |
| 群众团体、社会团体和其他成员组织 | 1830 | — | — | — | — | 1830 |

## 表 2-24 课题人员折合全时工作量按活动类型分

计量单位：人年

| 项目 | 课题人员折合全时工作量 | 基础研究 | 应用研究 | 试验发展 | R&D成果应用 | 科技服务 |
|---|---|---|---|---|---|---|
| 总计 | 10533 | 1296.4 | 1536.9 | 4899.3 | 1075.2 | 1725.2 |
| **按机构所属地域分布** | | | | | | |
| 全省 | 10533 | 1296.4 | 1536.9 | 4899.3 | 1075.2 | 1725.2 |
| 长沙市 | 6833.6 | 1069.7 | 1067.2 | 2773.6 | 664.7 | 1258.4 |
| 株洲市 | 41 | — | — | 27 | 11 | 3 |
| 湘潭市 | 643 | 26 | 203 | 414 | — | — |
| 衡阳市 | 218 | 7 | 19 | 113 | 32 | 47 |
| 邵阳市 | 154 | — | 11 | 79 | 39 | 25 |
| 岳阳市 | 185 | 40 | — | 89 | 39 | 17 |
| 常德市 | 349.3 | 2.5 | 52 | 205.8 | 33.5 | 55.5 |
| 张家界市 | 26 | 0.5 | 0.5 | 15.5 | 3 | 6.5 |
| 益阳市 | 92 | — | 17 | 60 | 9 | 6 |
| 郴州市 | 469 | 6 | 30 | 244 | 53 | 136 |
| 永州市 | 620.1 | 107.7 | 36.2 | 371.4 | 61 | 43.8 |
| 怀化市 | 733 | 5 | 97 | 423 | 113 | 95 |
| 娄底市 | 86 | 32 | — | 9 | 17 | 28 |
| 湘西州 | 83 | — | 4 | 75 | — | 4 |
| **按机构所属隶属关系分布** | | | | | | |
| 中央部门属 | 546.5 | 220.4 | 44.3 | 194.1 | 24.8 | 62.9 |
| 中国科学院 | 345.3 | 146 | 16.9 | 111.7 | 22.8 | 47.9 |
| 地方部门属 | 9986.5 | 1076 | 1492.6 | 4705.2 | 1050.4 | 1662.3 |
| 省级部门属 | 6500.8 | 850.4 | 1103.6 | 2603 | 633.9 | 1309.9 |
| 地市级部门属 | 2205.7 | 104.6 | 283 | 1331.2 | 273.5 | 213.4 |
| **按课题来源分布** | | | | | | |
| 国家科技项目 | 1424.4 | 519.1 | 168.1 | 453.4 | 171.2 | 112.6 |
| 地方科技项目 | 5742.1 | 542.2 | 926.9 | 2528.8 | 660.3 | 1083.9 |
| 企业委托科技项目 | 688.5 | 7.5 | 99.8 | 356 | 55.4 | 169.8 |
| 自选科技项目 | 2017.1 | 214 | 305.8 | 1203.4 | 151.4 | 142.5 |
| 国际合作科技项目 | 6.9 | 1 | — | 0.9 | — | 5 |
| 其他科技项目 | 654 | 12.6 | 36.3 | 356.8 | 36.9 | 211.4 |

续表 2-24

| 项目 | 课题人员折合全时工作量 | 基础研究 | 应用研究 | 试验发展 | R&D成果应用 | 科技服务 |
|---|---|---|---|---|---|---|
| **按课题所属学科分布** | | | | | | |
| 自然科学领域 | 1776 | 269.2 | 288.5 | 616.4 | 121.5 | 480.4 |
| 　数学 | 15.6 | — | — | 13 | — | 2.6 |
| 　信息科学与系统科学 | 170.3 | 4 | 82 | 60 | 8.8 | 15.5 |
| 　力学 | 2 | — | — | 2 | — | — |
| 　物理学 | 32 | 10 | — | 22 | — | — |
| 　化学 | 44 | 10 | 2 | 30 | 2 | — |
| 　地球科学 | 1161.8 | 57.5 | 186.7 | 413.6 | 78.4 | 425.6 |
| 　生物学 | 350.3 | 187.7 | 17.8 | 75.8 | 32.3 | 36.7 |
| 农业科学领域 | 4353.1 | 696.1 | 343.6 | 2174.5 | 594.4 | 544.5 |
| 　农学 | 3012 | 545.2 | 207.8 | 1477.4 | 355.5 | 426.1 |
| 　林学 | 620.8 | 50 | 83 | 302.5 | 112.5 | 72.8 |
| 　畜牧、兽医科学 | 525.3 | 82.4 | 32.8 | 277.1 | 94.4 | 38.6 |
| 　水产学 | 195 | 18.5 | 20 | 117.5 | 32 | 7 |
| 医药科学领域 | 513.6 | 123.3 | 76.1 | 201 | 40.5 | 72.7 |
| 　预防医学与公共卫生学 | 2.3 | — | — | 2 | — | 0.3 |
| 　药学 | 21 | — | 1 | 12 | 6 | 2 |
| 　中医学与中药学 | 490.3 | 123.3 | 75.1 | 187 | 34.5 | 70.4 |
| 工程与技术科学领域 | 3387.3 | 111.4 | 572.9 | 1848.9 | 309.7 | 544.4 |
| 　工程与技术科学基础学科 | 392.2 | 23.8 | 62.3 | 258.4 | 24 | 23.7 |
| 　信息与系统科学相关工程与技术 | 62.1 | — | — | 40.5 | 8.5 | 13.1 |
| 　自然科学相关工程与技术 | 29.4 | — | — | 7.4 | — | 22 |
| 　测绘科学技术 | 527.8 | 1 | 123.1 | 315.7 | 43 | 45 |
| 　材料科学 | 23.1 | 13 | 2 | 5.2 | — | 2.9 |
| 　矿山工程技术 | 23.1 | — | 12 | 5.1 | 6 | — |
| 　机械工程 | 112 | — | 10.5 | 90.6 | 10.9 | — |
| 　动力与电气工程 | 35.4 | 3 | 3 | 28.6 | — | 0.8 |
| 　能源科学技术 | 58.3 | 6 | 0.4 | 26.3 | 1.8 | 23.8 |
| 　核科学技术 | 30.4 | — | — | 10.4 | — | 20 |
| 　电子与通信技术 | 26 | — | 2 | 17 | 4 | 3 |
| 　计算机科学技术 | 363 | — | 72.8 | 281.9 | — | 8.3 |
| 　化学工程 | 24 | — | — | 24 | — | — |

续表 2-24

| 项目 | 课题人员折合全时工作量 | 基础研究 | 应用研究 | 试验发展 | R&D成果应用 | 科技服务 |
|---|---|---|---|---|---|---|
| 产品应用相关工程与技术 | 16 | — | 16 | — | — | — |
| 食品科学技术 | 175.4 | 8 | 18.2 | 112.3 | 28.5 | 8.4 |
| 土木建筑工程 | 73 | 8 | 8 | 34 | 10 | 13 |
| 水利工程 | 115 | 11 | 62 | — | 42 | — |
| 交通运输工程 | 39.6 | — | — | 20 | 4.5 | 15.1 |
| 航空、航天科学技术 | 44 | — | — | 43 | 1 | — |
| 环境科学技术及资源科学技术 | 816 | 37 | 144 | 339.2 | 87.4 | 208.4 |
| 安全科学技术 | 117 | 0.5 | 1.5 | 93.4 | 11.4 | 10.2 |
| 管理学 | 284.5 | 0.1 | 35.1 | 95.9 | 26.7 | 126.7 |
| 人文与社会科学领域 | 503 | 96.4 | 255.8 | 58.5 | 9.1 | 83.2 |
| 艺术学 | 10 | — | 8 | 2 | — | — |
| 考古学 | 149.1 | 93.4 | 31.3 | 19.4 | — | 5 |
| 经济学 | 131.5 | 3 | 96 | 0.1 | 4.1 | 28.3 |
| 社会学 | 3 | — | 0.5 | — | — | 2.5 |
| 图书馆、情报与文献学 | 41.8 | — | 4 | 8 | — | 29.8 |
| 教育学 | 121.1 | — | 114 | — | 5 | 2.1 |
| 体育科学 | 29 | — | — | 29 | — | — |
| 统计学 | 17.5 | — | 2 | — | — | 15.5 |
| **按课题技术领域分布** | | | | | | |
| 非技术领域 | 451.7 | 96.6 | 250 | 39.3 | 7.3 | 58.5 |
| 信息技术 | 874.4 | 1 | 199.8 | 519.7 | 57.2 | 96.7 |
| 生物和现代农业技术 | 4265.4 | 730.8 | 336.2 | 2061.4 | 593 | 544 |
| 新材料技术 | 61.7 | 26.6 | 2 | 19.8 | 5 | 8.3 |
| 能源技术 | 156.1 | 48.5 | 22.4 | 47.2 | 10 | 28 |
| 先进制造与自动化技术 | 453.8 | 26.1 | 57.8 | 324.9 | 14.4 | 30.6 |
| 航天技术 | 35 | — | — | 33 | 1 | 1 |
| 资源与环境技术 | 2259.2 | 168.5 | 380.9 | 760.9 | 278.2 | 670.7 |
| 其他技术领域 | 1975.7 | 198.3 | 287.8 | 1093.1 | 109.1 | 287.4 |
| **按课题的社会经济目标分布** | | | | | | |
| 环境保护、生态建设及污染防治 | 1662.9 | 123.2 | 265.4 | 573.9 | 189.3 | 511.1 |
| 环境一般问题 | 130.8 | 15.9 | — | 37.7 | 16.9 | 60.3 |
| 环境与资源评估 | 211 | 14.1 | 36 | 90.1 | 13.5 | 57.3 |

续表 2-24

| 项目 | 课题人员折合全时工作量 | 基础研究 | 应用研究 | 试验发展 | R&D成果应用 | 科技服务 |
|---|---|---|---|---|---|---|
| 环境监测 | 214.6 | 4.7 | 28.4 | 96.5 | 15.5 | 69.5 |
| 生态建设 | 245.9 | 32.6 | 22.9 | 87.2 | 15.4 | 87.8 |
| 环境污染预防 | 157.8 | 19.1 | 76 | 28.8 | 20.9 | 13 |
| 环境治理 | 395.2 | 32.2 | 70.1 | 180.6 | 53.1 | 59.2 |
| 自然灾害的预防、预报 | 307.6 | 4.6 | 32 | 53 | 54 | 164 |
| 能源生产、分配和合理利用 | 343 | 31.8 | 102.5 | 72.3 | 85.6 | 50.8 |
| 能源一般问题研究 | 53.1 | 5 | 10 | 16.3 | 12 | 9.8 |
| 能源矿产的勘探技术 | 124.8 | 6 | 29 | 26 | 35.8 | 28 |
| 能源转换技术 | 16 | 16 | — | — | — | — |
| 能源输送、储存与分配技术 | 20 | — | — | 20 | — | — |
| 可再生能源 | 26.8 | 0.8 | 12 | 6 | — | 8 |
| 能源设施和设备建造 | 9 | 3 | 1 | — | — | 5 |
| 能源安全生产管理和技术 | 91 | 1 | 50 | 4 | 36 | — |
| 节约能源的技术 | 2.3 | — | 0.5 | — | 1.8 | — |
| 卫生事业发展 | 595.4 | 123.3 | 73.1 | 289.5 | 40.5 | 69 |
| 诊断与治疗 | 425.6 | 123.3 | 71.3 | 166.5 | 22.5 | 42 |
| 预防医学 | 55 | — | — | 55 | — | — |
| 公共卫生 | 5 | — | — | 5 | — | — |
| 营养和食品卫生 | 10 | — | — | 10 | — | — |
| 社会医疗 | 6.8 | — | 0.8 | 6 | — | — |
| 卫生医疗其他研究 | 93 | — | 1 | 47 | 18 | 27 |
| 教育事业发展 | 124.1 | — | 117 | — | 5 | 2.1 |
| 教育一般问题 | 121.1 | — | 114 | — | 5 | 2.1 |
| 学历教育 | 3 | — | 3 | — | — | — |
| 基础设施以及城市和农村规划 | 246.4 | — | 79.1 | 124.6 | 20.3 | 22.4 |
| 交通运输 | 49 | — | — | 47 | 2 | — |
| 通信 | 2.7 | — | — | 0.8 | — | 1.9 |
| 城市规划与市政工程 | 136.9 | — | 69.1 | 50 | 13.8 | 4 |
| 农村发展规划与建设 | 46.3 | — | 8 | 17.3 | 4.5 | 16.5 |
| 交通运输、通信、城市与农村发展对环境的影响 | 11.5 | — | 2 | 9.5 | — | — |
| 基础社会发展和社会服务 | 1401 | 138 | 267.3 | 562.5 | 89 | 344.2 |

续表 2-24

| 项目 | 课题人员折合全时工作量 | 基础研究 | 应用研究 | 试验发展 | R&D成果应用 | 科技服务 |
|---|---|---|---|---|---|---|
| 社会发展和社会服务一般问题 | 72.9 | 21 | 16.6 | 12.1 | — | 23.2 |
| 社会保障 | 20 | — | 20 | — | — | — |
| 公共安全 | 130.1 | 0.5 | 16.5 | 85.2 | 8.7 | 19.2 |
| 社会管理 | 50 | — | 50 | — | — | — |
| 遗产保护 | 153.1 | 93.4 | 31.3 | 23.4 | — | 5 |
| 文艺、娱乐 | 5 | — | — | 5 | — | — |
| 科技发展 | 227.4 | 14 | 30 | 87.6 | 25.2 | 70.6 |
| 国土资源管理 | 540.9 | 8 | 41.9 | 259.2 | 50.1 | 181.7 |
| 其他社会发展和社会服务 | 201.6 | 1.1 | 61 | 90 | 5 | 44.5 |
| 地球和大气层的探索与利用 | 323 | 25.6 | 44.3 | 162.2 | 5.6 | 85.3 |
| 地壳、地幔，海底的探测和研究 | 62.4 | 6.9 | 12.3 | 11 | 5 | 27.2 |
| 水文地理 | 26.8 | 12.7 | 2.5 | 0.2 | — | 11.4 |
| 大气 | 135 | — | 20 | 112 | — | 3 |
| 地球探测和开发其他研究 | 98.8 | 6 | 9.5 | 39 | 0.6 | 43.7 |
| 民用空间探测及开发 | 31.3 | — | — | 30.3 | 1 | — |
| 发射与控制系统 | 12.3 | — | — | 12.3 | — | — |
| 卫星服务 | 19 | — | — | 18 | 1 | — |
| 农林牧渔业发展 | 4354 | 766.6 | 365.9 | 2111.9 | 573.5 | 536.1 |
| 农林牧渔业发展一般问题 | 565.6 | 119.8 | 62.1 | 183.6 | 42.8 | 157.3 |
| 农作物种植及培育 | 1953.1 | 254.3 | 151.6 | 1056.8 | 247.9 | 242.5 |
| 林业和林产品 | 329.7 | 29.1 | 37.5 | 168.3 | 62.4 | 32.4 |
| 畜牧业 | 408.7 | 101.6 | 40.9 | 160.4 | 79.4 | 26.4 |
| 渔业 | 155.1 | 42 | 23.6 | 73.5 | 11 | 5 |
| 农林牧渔业体系支撑 | 835.8 | 199.4 | 40.4 | 404.7 | 125 | 66.3 |
| 农林牧渔业生产中污染的防治与处理 | 106 | 20.4 | 9.8 | 64.6 | 5 | 6.2 |
| 工商业发展 | 1309.7 | 44.2 | 200.3 | 921.6 | 59.4 | 84.2 |
| 促进工商业发展的一般问题 | 57.7 | — | 15 | 31.1 | 7 | 4.6 |
| 非能源资源矿产的开采 | 8 | — | 6 | — | — | 2 |
| 食品、饮料和烟草制品业 | 99.7 | 8 | — | 60.4 | 26.3 | 5 |
| 非金属与金属制品业 | 5 | — | — | 5 | — | — |
| 机械制造业(不包括电子设备、仪器仪表及办公机械 | 99.5 | — | 4 | 72.1 | 14.5 | 8.9 |

续表 2-24

| 项目 | 课题人员<br>折合全时<br>工作量 | 基础<br>研究 | 应用<br>研究 | 试验<br>发展 | R&D<br>成果<br>应用 | 科技<br>服务 |
|---|---|---|---|---|---|---|
| 电子设备、仪器仪表及办公机械 | 9.8 | — | — | 9.8 | — | — |
| 其他制造业 | 36 | — | — | 29 | 4 | 3 |
| 建筑业 | 33 | 8 | — | 18 | — | 7 |
| 信息与通信技术(ICT)服务业 | 58.1 | — | 7 | 39.2 | — | 11.9 |
| 技术服务业 | 883.8 | 28.2 | 168.3 | 644.6 | 7.3 | 35.4 |
| 商业及其他服务业 | 2.2 | — | — | — | — | 2.2 |
| 工商业活动中的环境保护、污染防治与处理 | 16.9 | — | — | 12.4 | 0.3 | 4.2 |
| 非定向研究 | 25.7 | 11.7 | 14 | — | — | — |
| 自然科学的非定向研究 | 4 | — | 4 | — | — | — |
| 工程与技术科学领域的非定向研究 | 10 | — | 10 | — | — | — |
| 农业科学的非定向研究 | 1.7 | 1.7 | — | — | — | — |
| 人文科学领域的非定向研究 | 10 | 10 | — | — | — | — |
| 其他民用目标 | 91.5 | 32 | 8 | 25.5 | 6 | 20 |
| 国防 | 25 | — | — | 25 | — | — |
| **按课题合作形式分布** | 168937 | 21988 | 18997 | 73094 | 16330 | 38527 |
| 独立完成 | 8233.7 | 1182 | 1063.9 | 3714 | 836.4 | 1437.4 |
| 与境内独立研究机构合作 | 798.8 | 37.1 | 183.5 | 441.7 | 68.5 | 68 |
| 与境内高等学校合作 | 753.9 | 57.3 | 145.9 | 420 | 63.4 | 67.3 |
| 与境内注册其他企业合作 | 379.9 | 13.6 | 134.1 | 177 | 30.6 | 24.6 |
| 与境外机构合作 | 11.1 | — | — | 7.1 | 3 | 1 |
| 其他 | 355.6 | 6.4 | 9.5 | 139.5 | 73.3 | 126.9 |
| **按课题服务的国民经济行业分布** | 74259 | 7428 | 4952 | 39390 | 13206 | 9283 |
| 农、林、牧、渔业 | 3998.5 | 613.1 | 326.3 | 1917.2 | 621.1 | 520.8 |
| 农业 | 2451.1 | 369.2 | 163.8 | 1202 | 345.9 | 370.2 |
| 林业 | 470.8 | 33.8 | 66.5 | 249.3 | 74.8 | 46.4 |
| 畜牧业 | 408.7 | 101.6 | 40.9 | 160.4 | 79.4 | 26.4 |
| 渔业 | 155.1 | 42 | 23.6 | 73.5 | 11 | 5 |
| 农、林、牧、渔专业及辅助性活动 | 555 | 90.1 | 33.7 | 246.7 | 104.6 | 79.9 |
| 采矿业 | 111.4 | — | 2 | 2.1 | 23 | 84.3 |
| 黑色金属矿采选业 | 2.3 | — | — | 1 | 1 | 0.3 |
| 有色金属矿采选业 | 24.1 | — | 2 | 0.1 | 22 | — |
| 非金属矿采选业 | 84 | — | — | — | — | 84 |

续表 2-24

| 项目 | 课题人员折合全时工作量 | 基础研究 | 应用研究 | 试验发展 | R&D成果应用 | 科技服务 |
|---|---|---|---|---|---|---|
| 开采专业及辅助性活动 | 1 | — | — | 1 | — | — |
| 制造业 | 661.1 | 38.4 | 60.2 | 432.4 | 78.6 | 51.5 |
| 农副食品加工业 | 171.2 | 8 | 15.7 | 101.5 | 34.3 | 11.7 |
| 食品制造业 | 29.6 | 4 | 0.1 | 18 | 2.7 | 4.8 |
| 酒、饮料和精制茶制造业 | 6 | — | — | 3 | 3 | — |
| 烟草制品业 | 8.5 | — | 1 | 5 | — | 2.5 |
| 木材加工和木、竹、藤、棕、草制品业 | 10.1 | 1.4 | — | 4.5 | 2.5 | 1.7 |
| 家具制造业 | 0.8 | — | — | — | 0.8 | — |
| 石油、煤炭及其他燃料加工业 | 1.2 | — | — | 1.2 | — | — |
| 化学原料和化学制品制造业 | 41 | — | 3 | 29.2 | 8 | 0.8 |
| 医药制造业 | 39.7 | 2 | 4 | 18.7 | 7 | 8 |
| 非金属矿物制品业 | 6 | — | — | 6 | — | — |
| 金属制品业 | 1.5 | — | — | 1.5 | — | — |
| 通用设备制造业 | 78.4 | — | 4 | 62.6 | 11.8 | — |
| 专用设备制造业 | 142.2 | 23 | 26 | 89.9 | — | 3.3 |
| 汽车制造业 | 76.3 | — | — | 56.1 | 4.5 | 15.7 |
| 铁路、船舶、航空航天和其他运输设备制造业 | 15 | — | — | 15 | — | — |
| 电气机械和器材制造业 | 0.4 | — | 0.4 | — | — | — |
| 计算机、通信和其他电子设备制造业 | 25.2 | — | — | 18.2 | 4 | 3 |
| 仪器仪表制造业 | 2 | — | — | 2 | — | — |
| 其他制造业 | 36 | — | — | 29 | 4 | 3 |
| 电力、热力、燃气及水生产和供应业 | 58.8 | — | 9 | 34.2 | — | 15.6 |
| 电力、热力生产和供应业 | 43.9 | — | 1 | 27.3 | — | 15.6 |
| 燃气生产和供应业 | 6.9 | — | — | 6.9 | — | — |
| 水的生产和供应业 | 8 | — | 8 | — | — | — |
| 建筑业 | 33 | 8 | — | 18 | — | 7 |
| 土木工程建筑业 | 82 | — | 32 | 43 | — | 7 |
| 批发和零售业 | 4 | 1.1 | — | 2.9 | — | — |
| 批发业 | 4 | 1.1 | — | 2.9 | — | — |
| 交通运输、仓储和邮政业 | 6 | — | — | — | — | 6 |
| 道路运输业 | 6 | — | — | — | — | 6 |
| 信息传输、软件和信息技术服务业 | 158 | — | 52 | 81.9 | 4.3 | 19.8 |

续表 2-24

| 项目 | 课题人员折合全时工作量 | 基础研究 | 应用研究 | 试验发展 | R&D成果应用 | 科技服务 |
|---|---|---|---|---|---|---|
| 电信、广播电视和卫星传输服务 | 21.6 | — | — | 18 | 1 | 2.6 |
| 互联网和相关服务 | 21.4 | — | — | 5 | — | 16.4 |
| 软件和信息技术服务业 | 115 | — | 52 | 58.9 | 3.3 | 0.8 |
| 金融业 | 9 | — | 8 | — | — | 1 |
| 货币金融服务 | 8 | — | 8 | — | — | |
| 资本市场服务 | 1 | — | — | — | — | 1 |
| 租赁和商务服务业 | 7.2 | — | — | 2.2 | — | 5 |
| 商务服务业 | 7.2 | — | — | 2.2 | — | 5 |
| 科学研究和技术服务业 | 3489 | 420.5 | 577 | 1813.2 | 152.5 | 525.8 |
| 研究和试验发展 | 942.8 | 305.4 | 187.6 | 442.8 | — | 7 |
| 专业技术服务业 | 2251.1 | 94.6 | 369.4 | 1278.6 | 138.3 | 370.2 |
| 科技推广和应用服务业 | 295.1 | 20.5 | 20 | 91.8 | 14.2 | 148.6 |
| 水利、环境和公共设施管理业 | 1440.4 | 128.8 | 268.1 | 491.7 | 184.7 | 367.1 |
| 水利管理业 | 172.9 | 11 | 62 | — | 42.9 | 57 |
| 生态保护和环境治理业 | 1055.4 | 109.8 | 190.1 | 399.1 | 111.3 | 245.1 |
| 公共设施管理业 | 87 | — | 3 | 55.7 | 9 | 19.3 |
| 土地管理业 | 125.1 | 8 | 13 | 36.9 | 21.5 | 45.7 |
| 居民服务、修理和其他服务业 | 4 | — | — | 4 | — | — |
| 其他服务业 | 4 | — | — | 4 | — | — |
| 教育 | 134.8 | — | 118 | 3 | 5 | 8.8 |
| 教育 | 134.8 | — | 118 | 3 | 5 | 8.8 |
| 卫生和社会工作 | 26.8 | 1.1 | — | 11.5 | 6 | 8.2 |
| 卫生 | 26.8 | 1.1 | — | 11.5 | 6 | 8.2 |
| 文化、体育和娱乐业 | 191.7 | 93.4 | 39.3 | 54 | — | 5 |
| 文化艺术业 | 158.1 | 93.4 | 39.3 | 20.4 | — | 5 |
| 体育 | 33.6 | — | — | 33.6 | | |
| 公共管理、社会保障和社会组织 | 150.3 | — | 45 | 6 | — | 99.3 |
| 中国共产党机关 | 6 | — | — | 6 | — | |
| 国家机构 | 62.3 | — | 25 | — | — | 37.3 |
| 社会保障 | 20 | — | 20 | — | — | |
| 群众团体、社会团体和其他成员组织 | 62 | — | — | — | — | 62 |

## 表 2-25 R&D 人员

计量单位：人

| 项目 | R&D人员 | 女性 | 按工作量分 | | 按学历分 | | | |
|---|---|---|---|---|---|---|---|---|
| | | | R&D全时人员 | R&D非全时人员 | 博士毕业 | 硕士毕业 | 本科毕业 | 其他 |
| **总计** | 11674 | 3899 | 8584 | 3090 | 1505 | 3350 | 4967 | 1852 |
| **按机构所属地域分布** | | | | | | | | |
| 全省 | 11674 | 3899 | 8584 | 3090 | 1505 | 3350 | 4967 | 1852 |
| 长沙市 | 7862 | 2751 | 5339 | 2523 | 1422 | 2766 | 3055 | 619 |
| 株洲市 | 58 | 15 | 44 | 14 | — | 8 | 29 | 21 |
| 湘潭市 | 697 | 227 | 597 | 100 | — | 101 | 462 | 134 |
| 衡阳市 | 217 | 68 | 171 | 46 | 2 | 47 | 98 | 70 |
| 邵阳市 | 152 | 53 | 97 | 55 | 2 | 24 | 82 | 44 |
| 岳阳市 | 207 | 60 | 175 | 32 | 5 | 57 | 117 | 28 |
| 常德市 | 390 | 135 | 367 | 23 | 3 | 74 | 200 | 113 |
| 张家界市 | 30 | 8 | 23 | 7 | — | 2 | 15 | 13 |
| 益阳市 | 135 | 26 | 135 | — | 1 | 22 | 65 | 47 |
| 郴州市 | 366 | 120 | 295 | 71 | 1 | 85 | 191 | 89 |
| 永州市 | 655 | 155 | 568 | 87 | 5 | 55 | 280 | 315 |
| 怀化市 | 735 | 204 | 640 | 95 | 16 | 69 | 306 | 344 |
| 娄底市 | 55 | 23 | 46 | 9 | 48 | 5 | 2 | — |
| 湘西州 | 115 | 54 | 87 | 28 | — | 35 | 65 | 15 |
| **按机构所属隶属关系分布** | | | | | | | | |
| 中央部门属 | 599 | 231 | 469 | 130 | 234 | 209 | 121 | 35 |
| 中国科学院 | 361 | 138 | 275 | 86 | 160 | 124 | 71 | 6 |
| 地方部门属 | 11075 | 3668 | 8115 | 2960 | 1271 | 3141 | 4846 | 1817 |
| 省级部门属 | 7231 | 2513 | 4973 | 2258 | 1140 | 2404 | 3021 | 666 |
| 地市级部门属 | 2647 | 874 | 2024 | 623 | 98 | 659 | 1281 | 609 |
| **按机构从事的国民经济行业分布** | | | | | | | | |
| 科学研究和技术服务业 | 11674 | 3899 | 8584 | 3090 | 1505 | 3350 | 4967 | 1852 |
| 研究和试验发展 | 6908 | 2465 | 5160 | 1748 | 1395 | 2246 | 2307 | 960 |
| 专业技术服务业 | 3530 | 1156 | 2311 | 1219 | 83 | 1019 | 2137 | 291 |
| 科技推广和应用服务业 | 1236 | 278 | 1113 | 123 | 27 | 85 | 523 | 601 |

续表 2-25

| 项目 | R&D 人员 | 女性 | 按工作量分 | | 按学历分 | | | |
|---|---|---|---|---|---|---|---|---|
| | | | R&D 全时人员 | R&D 非全时人员 | 博士毕业 | 硕士毕业 | 本科毕业 | 其他 |
| 按机构服务的国民经济行业分布 | 6.9 | 1 | — | 0.9 | — | 5 | | |
| 农、林、牧、渔业 | 3165 | 1093 | 2686 | 479 | 581 | 830 | 1125 | 629 |
| 农业 | 1879 | 656 | 1624 | 255 | 428 | 524 | 619 | 308 |
| 林业 | 664 | 230 | 508 | 156 | 63 | 131 | 246 | 224 |
| 畜牧业 | 92 | 26 | 79 | 13 | 10 | 36 | 43 | 3 |
| 渔业 | 59 | 15 | 56 | 3 | 3 | 28 | 25 | 3 |
| 农、林、牧、渔专业及辅助性活动 | 471 | 166 | 419 | 52 | 77 | 111 | 192 | 91 |
| 采矿业 | 98 | 13 | 49 | 49 | 3 | 22 | 71 | 2 |
| 开采专业及辅助性活动 | 68 | 9 | 36 | 32 | — | 16 | 50 | 2 |
| 其他采矿业 | 30 | 4 | 13 | 17 | 3 | 6 | 21 | — |
| 制造业 | 381 | 161 | 161 | 220 | 62 | 161 | 123 | 35 |
| 农副食品加工业 | 53 | 25 | 46 | 7 | 19 | 26 | 6 | 2 |
| 食品制造业 | 44 | 17 | 17 | 27 | 9 | 15 | 16 | 4 |
| 化学原料和化学制品制造业 | 43 | 10 | 35 | 8 | — | 6 | 23 | 14 |
| 医药制造业 | 139 | 91 | — | 139 | 6 | 77 | 44 | 12 |
| 汽车制造业 | 88 | 15 | 52 | 36 | 17 | 37 | 31 | 3 |
| 计算机、通信和其他电子设备制造业 | 14 | 3 | 11 | 3 | 11 | — | 3 | — |
| 电力、热力、燃气及水生产和供应业 | 20 | 10 | 20 | — | 1 | 3 | 12 | 4 |
| 电力、热力生产和供应业 | 20 | 10 | 20 | — | 1 | 3 | 12 | 4 |
| 建筑业 | 32 | 7 | 30 | 2 | 1 | 12 | 17 | 2 |
| 土木工程建筑业 | 32 | 7 | 30 | 2 | 1 | 12 | 17 | 2 |
| 信息传输、软件和信息技术服务业 | 84 | 21 | 84 | — | 12 | 60 | 12 | — |
| 软件和信息技术服务业 | 84 | 21 | 84 | — | 12 | 60 | 12 | — |
| 科学研究和技术服务业 | 11674 | 3899 | 8584 | 3090 | 1505 | 3350 | 4967 | 1852 |
| 研究和试验发展 | 6908 | 2465 | 5160 | 1748 | 1395 | 2246 | 2307 | 960 |
| 专业技术服务业 | 3530 | 1156 | 2311 | 1219 | 83 | 1019 | 2137 | 291 |
| 科技推广和应用服务业 | 1236 | 278 | 1113 | 123 | 27 | 85 | 523 | 601 |
| 水利、环境和公共设施管理业 | 490 | 178 | 266 | 224 | 37 | 198 | 235 | 20 |
| 水利管理业 | 130 | 48 | 87 | 43 | 11 | 66 | 46 | 7 |
| 生态保护和环境治理业 | 360 | 130 | 179 | 181 | 26 | 132 | 189 | 13 |

续表 2-25

| 项目 | R&D人员 | 女性 | 按工作量分 | | 按学历分 | | | |
|---|---|---|---|---|---|---|---|---|
| | | | R&D全时人员 | R&D非全时人员 | 博士毕业 | 硕士毕业 | 本科毕业 | 其他 |
| 教育 | 47 | 21 | 21 | 26 | — | 8 | 35 | 4 |
| 　教育 | 47 | 21 | 21 | 26 | — | 8 | 35 | 4 |
| 文化、体育和娱乐业 | 37 | 19 | 37 | — | 1 | 18 | 16 | 2 |
| 　文化艺术业 | 8 | 4 | 8 | — | | 2 | 6 | — |
| 　体育 | 29 | 15 | 29 | — | 1 | 16 | 10 | 2 |
| **按机构所属学科分布** | 175.4 | 8 | 18.2 | 112.3 | 28.5 | 8.4 | | |
| 　自然科学领域 | 1968 | 641 | 1498 | 470 | 285 | 664 | 925 | 94 |
| 　　数学 | 84 | 21 | 84 | — | 12 | 60 | 12 | — |
| 　　信息科学与系统科学 | 86 | 29 | 77 | 9 | 3 | 35 | 45 | 3 |
| 　　化学 | 73 | 32 | 67 | 6 | 9 | 27 | 33 | 4 |
| 　　天文学 | 22 | 6 | 1 | 21 | — | 2 | 19 | 1 |
| 　　地球科学 | 1161 | 340 | 851 | 310 | 37 | 343 | 707 | 74 |
| 　　生物学 | 542 | 213 | 418 | 124 | 224 | 197 | 109 | 12 |
| 　农业科学领域 | 4749 | 1503 | 3925 | 824 | 572 | 1086 | 1741 | 1350 |
| 　　农学 | 3470 | 1101 | 2875 | 595 | 483 | 811 | 1215 | 961 |
| 　　林学 | 769 | 269 | 571 | 198 | 73 | 178 | 281 | 237 |
| 　　畜牧、兽医科学 | 443 | 118 | 415 | 28 | 13 | 68 | 214 | 148 |
| 　　水产学 | 67 | 15 | 64 | 3 | 3 | 29 | 31 | 4 |
| 　医药科学领域 | 41.8 | — | 4 | 8 | — | 29.8 | | |
| 　　药学 | 176 | 112 | 24 | 152 | 6 | 89 | 67 | 14 |
| 　　中医学与中药学 | 468 | 299 | 449 | 19 | 67 | 153 | 212 | 36 |
| 　工程与技术科学领域 | 3682 | 1068 | 2155 | 1527 | 491 | 1102 | 1793 | 296 |
| 　　工程与技术科学基础学科 | 324 | 105 | 143 | 181 | 38 | 93 | 154 | 39 |
| 　　信息与系统科学相关工程与技术 | 9 | 2 | 9 | — | — | — | 4 | 5 |
| 　　自然科学相关工程与技术 | 360 | 121 | 310 | 50 | 5 | 94 | 243 | 18 |
| 　　测绘科学技术 | 737 | 222 | 588 | 149 | 14 | 217 | 407 | 99 |
| 　　材料科学 | 18 | 5 | 18 | — | — | 5 | 11 | 2 |
| 　　动力与电气工程 | 20 | 10 | 20 | — | 1 | 3 | 12 | 4 |
| 　　核科学技术 | 65 | 3 | 62 | 3 | — | 4 | 31 | 30 |
| 　　电子与通信技术 | 14 | 3 | 11 | 3 | 11 | — | 3 | — |

续表 2-25

| 项目 | R&D 人员 | 女性 | 按工作量分 | | 按学历分 | | | |
|---|---|---|---|---|---|---|---|---|
| | | | R&D 全时人员 | R&D 非全时人员 | 博士毕业 | 硕士毕业 | 本科毕业 | 其他 |
| 计算机科学技术 | 551 | 124 | 126 | 425 | 318 | 159 | 71 | 3 |
| 化学工程 | 22 | 7 | 20 | 2 | — | 1 | 11 | 10 |
| 产品应用相关工程与技术 | 51 | 18 | — | 51 | 6 | 30 | 15 | — |
| 食品科学技术 | 229 | 116 | 132 | 97 | 31 | 95 | 82 | 21 |
| 土木建筑工程 | 40 | 11 | 38 | 2 | 1 | 14 | 23 | 2 |
| 水利工程 | 130 | 48 | 87 | 43 | 11 | 66 | 46 | 7 |
| 交通运输工程 | 88 | 15 | 52 | 36 | 17 | 37 | 31 | 3 |
| 航空、航天科学技术 | 72 | 12 | 65 | 7 | 5 | 12 | 51 | 4 |
| 环境科学技术及资源科学技术 | 571 | 161 | 398 | 173 | 30 | 142 | 355 | 44 |
| 安全科学技术 | 301 | 55 | 10 | 291 | 2 | 116 | 183 | — |
| 管理学 | 80 | 30 | 66 | 14 | 1 | 14 | 60 | 5 |
| 人文与社会科学领域 | 343 | 31.8 | 102.5 | 72.3 | 85.6 | 50.8 | | |
| 艺术学 | 8 | 4 | 8 | — | — | 2 | 6 | — |
| 考古学 | 181 | 81 | 178 | 3 | 5 | 77 | 71 | 28 |
| 社会学 | 164 | 59 | 164 | — | 67 | 71 | 14 | 12 |
| 图书馆、情报与文献学 | 92 | 41 | 35 | 57 | 1 | 38 | 42 | 11 |
| 教育学 | 157 | 76 | 119 | 38 | 10 | 52 | 86 | 9 |
| 体育科学 | 29 | 15 | 29 | — | 1 | 16 | 10 | 2 |
| **按机构从业人员规模分** | 91 | 1 | 50 | 4 | 36 | — | | |
| ≥1000 人 | 701 | 329 | 649 | 52 | 68 | 201 | 392 | 40 |
| 500~999 人 | 690 | 146 | 278 | 412 | 13 | 221 | 437 | 19 |
| 300~499 人 | 1520 | 528 | 1118 | 402 | 37 | 451 | 859 | 173 |
| 200~299 人 | 1260 | 432 | 951 | 309 | 399 | 468 | 297 | 96 |
| 100~199 人 | 2709 | 979 | 1923 | 786 | 294 | 896 | 948 | 571 |
| 50~99 人 | 3014 | 931 | 2159 | 855 | 612 | 791 | 1143 | 468 |
| 30~49 人 | 1001 | 316 | 834 | 167 | 45 | 201 | 502 | 253 |
| 20~29 人 | 417 | 138 | 374 | 43 | 12 | 74 | 196 | 135 |
| 10~19 人 | 284 | 83 | 239 | 45 | 5 | 37 | 161 | 81 |
| 0~9 人 | 78 | 17 | 59 | 19 | 20 | 10 | 32 | 16 |

## 表 2-26　R&D 人员折合全时工作量

计量单位：人年

| 项目 | R&D 折合全时工作量 | 研究人员 | 按活动类型分 | | |
|---|---|---|---|---|---|
| | | | 基础研究 | 应用研究 | 试验发展 |
| **总计** | 9736 | 7624 | 1624 | 1865 | 6247 |
| **按机构所属地域分布** | | | | | |
| 全省 | 9736 | 7624 | 1624 | 1865 | 6247 |
| 长沙市 | 6266 | 4865 | 1350 | 1355 | 3561 |
| 株洲市 | 48 | 31 | — | — | 48 |
| 湘潭市 | 659 | 408 | 27 | 203 | 429 |
| 衡阳市 | 200 | 181 | 10 | 24 | 166 |
| 邵阳市 | 108 | 99 | — | 11 | 97 |
| 岳阳市 | 180 | 153 | 40 | — | 140 |
| 常德市 | 375 | 238 | 4 | 54 | 317 |
| 张家界市 | 23 | 23 | 1 | — | 22 |
| 益阳市 | 135 | 105 | — | 27 | 108 |
| 郴州市 | 336 | 305 | 8 | 36 | 292 |
| 永州市 | 601 | 513 | 141 | 43 | 417 |
| 怀化市 | 661 | 562 | 5 | 108 | 548 |
| 娄底市 | 49 | 49 | 38 | — | 11 |
| 湘西州 | 115 | 54 | 87 | 28 | — |
| **按机构所属隶属关系分布** | | | | | |
| 中央部门属 | 545 | 413 | 255 | 53 | 237 |
| 中国科学院 | 316 | 257 | 168 | 19 | 129 |
| 地方部门属 | 9191 | 7211 | 1369 | 1812 | 6010 |
| 省级部门属 | 5803 | 4523 | 1098 | 1379 | 3326 |
| 地市级部门属 | 2250 | 1634 | 145 | 318 | 1787 |
| **按机构从事的国民经济行业分布** | | | | | |
| 科学研究和技术服务业 | 9736 | 7624 | 1624 | 1865 | 6247 |
| 研究和试验发展 | 5849 | 4578 | 1424 | 1102 | 3323 |
| 专业技术服务业 | 2725 | 2088 | 119 | 716 | 1890 |
| 科技推广和应用服务业 | 1162 | 958 | 81 | 47 | 1034 |

续表 2-26

| 项目 | R&D 折合全时工作量 | 研究人员 | 按活动类型分 | | |
|---|---|---|---|---|---|
| | | | 基础研究 | 应用研究 | 试验发展 |
| **按机构服务的国民经济行业分布** | 6.9 | 1 | — | 0.9 | — |
| 农、林、牧、渔业 | 2853 | 2262 | 668 | 305 | 1880 |
| 农业 | 1732 | 1402 | 483 | 158 | 1091 |
| 林业 | 542 | 428 | 80 | 76 | 386 |
| 畜牧业 | 85 | 74 | 14 | 20 | 51 |
| 渔业 | 57 | 44 | 16 | 11 | 30 |
| 农、林、牧、渔专业及辅助性活动 | 437 | 314 | 75 | 40 | 322 |
| 采矿业 | 50 | 30 | 14 | 14 | 22 |
| 开采专业及辅助性活动 | 36 | 18 | 14 | — | 22 |
| 其他采矿业 | 14 | 12 | — | 14 | — |
| 制造业 | 225 | 164 | 17 | 8 | 200 |
| 农副食品加工业 | 46 | 39 | 9 | 6 | 31 |
| 食品制造业 | 24 | 12 | 8 | — | 16 |
| 化学原料和化学制品制造业 | 37 | 24 | — | — | 37 |
| 医药制造业 | 36 | 33 | — | 2 | 34 |
| 汽车制造业 | 70 | 45 | — | — | 70 |
| 计算机、通信和其他电子设备制造业 | 12 | 11 | — | — | 12 |
| 电力、热力、燃气及水生产和供应业 | 20 | 10 | — | — | 20 |
| 电力、热力生产和供应业 | 20 | 10 | — | — | 20 |
| 建筑业 | 30 | 25 | — | — | 30 |
| 土木工程建筑业 | 30 | 25 | — | — | 30 |
| 信息传输、软件和信息技术服务业 | 84 | 47 | — | — | 84 |
| 软件和信息技术服务业 | 84 | 47 | — | — | 84 |
| 科学研究和技术服务业 | 9736 | 7624 | 1624 | 1865 | 6247 |
| 研究和试验发展 | 5849 | 4578 | 1424 | 1102 | 3323 |
| 专业技术服务业 | 2725 | 2088 | 119 | 716 | 1890 |
| 科技推广和应用服务业 | 1162 | 958 | 81 | 47 | 1034 |
| 水利、环境和公共设施管理业 | 335 | 266 | 31 | 149 | 155 |
| 水利管理业 | 105 | 74 | 16 | 89 | — |
| 生态保护和环境治理业 | 230 | 192 | 15 | 60 | 155 |

续表 2-26

| 项目 | R&D 折合全时工作量 | 按活动类型分 | | | |
|---|---|---|---|---|---|
| | | 研究人员 | 基础研究 | 应用研究 | 试验发展 |
| 教育 | 32 | 25 | — | 32 | — |
| 　教育 | 32 | 25 | — | 32 | — |
| 文化、体育和娱乐业 | 37 | 30 | — | 8 | 29 |
| 　文化艺术业 | 8 | 8 | — | 8 | — |
| 　体育 | 29 | 22 | — | — | 29 |
| **按机构所属学科分布** | | | | | |
| 自然科学领域 | 1673 | 1381 | 386 | 336 | 951 |
| 　数学 | 84 | 47 | — | — | 84 |
| 　信息科学与系统科学 | 82 | 73 | — | 24 | 58 |
| 　化学 | 68 | 36 | — | 4 | 64 |
| 　天文学 | 4 | 4 | — | 4 | — |
| 　地球科学 | 947 | 818 | 81 | 268 | 598 |
| 　生物学 | 488 | 403 | 305 | 36 | 147 |
| 农业科学领域 | 4200 | 3404 | 845 | 439 | 2916 |
| 　农学 | 3072 | 2486 | 665 | 271 | 2136 |
| 　林学 | 639 | 508 | 85 | 95 | 459 |
| 　畜牧、兽医科学 | 424 | 358 | 79 | 62 | 283 |
| 　水产学 | 65 | 52 | 16 | 11 | 38 |
| 医药科学领域 | 532 | 360 | 156 | 93 | 283 |
| 　药学 | 66 | 63 | — | 2 | 64 |
| 　中医学与中药学 | 466 | 297 | 156 | 91 | 219 |
| 工程与技术科学领域 | 2741 | 1999 | 119 | 652 | 1970 |
| 　工程与技术科学基础学科 | 243 | 116 | 5 | 33 | 205 |
| 　信息与系统科学相关工程与技术 | 9 | 9 | — | — | 9 |
| 　自然科学相关工程与技术 | 326 | 212 | 24 | 52 | 250 |
| 　测绘科学技术 | 624 | 416 | 1 | 126 | 497 |
| 　材料科学 | 18 | 18 | — | 18 | — |
| 　动力与电气工程 | 20 | 10 | — | — | 20 |
| 　核科学技术 | 64 | 10 | — | — | 64 |
| 　电子与通信技术 | 12 | 11 | — | — | 12 |

续表 2-26

| 项目 | R&D 折合全时工作量 | 研究人员 | 按活动类型分 | | |
|---|---|---|---|---|---|
| | | | 基础研究 | 应用研究 | 试验发展 |
| 计算机科学技术 | 330 | 310 | — | 126 | 204 |
| 化学工程 | 21 | 14 | — | — | 21 |
| 产品应用相关工程与技术 | 16 | 16 | — | 6 | 10 |
| 食品科学技术 | 169 | 115 | 17 | 24 | 128 |
| 土木建筑工程 | 38 | 33 | — | 8 | 30 |
| 水利工程 | 105 | 74 | 16 | 89 | — |
| 交通运输工程 | 70 | 45 | — | — | 70 |
| 航空、航天科学技术 | 68 | 56 | 40 | — | 28 |
| 环境科学技术及资源科学技术 | 438 | 426 | 15 | 160 | 263 |
| 安全科学技术 | 96 | 52 | 1 | 1 | 94 |
| 管理学 | 74 | 56 | — | 9 | 65 |
| 人文与社会科学领域 | 590 | 480 | 118 | 345 | 127 |
| 艺术学 | 8 | 8 | — | 8 | — |
| 考古学 | 180 | 113 | 117 | 34 | 29 |
| 社会学 | 164 | 152 | — | 164 | — |
| 图书馆、情报与文献学 | 76 | 64 | 1 | 6 | 69 |
| 教育学 | 133 | 121 | — | 133 | — |
| 体育科学 | 29 | 22 | — | — | 29 |
| **按机构从业人员规模分** | | | | | |
| ≥1000 人 | 666 | 468 | 177 | 134 | 355 |
| 500~999 人 | 392 | 326 | 8 | 53 | 331 |
| 300~499 人 | 1221 | 838 | 74 | 293 | 854 |
| 200~299 人 | 1073 | 894 | 277 | 279 | 517 |
| 100~199 人 | 2174 | 1574 | 585 | 302 | 1287 |
| 50~99 人 | 2600 | 2203 | 383 | 495 | 1722 |
| 30~49 人 | 899 | 742 | 82 | 156 | 661 |
| 20~29 人 | 383 | 309 | 27 | 74 | 282 |
| 10~19 人 | 264 | 212 | 10 | 72 | 182 |
| 0~9 人 | 64 | 58 | 1 | 7 | 56 |

## 表 2-27  R&D 经费内部支出按活动类型和来源分

计量单位：万元

| 项目 | R&D经费内部支出 | 按活动类型分 | | | 按经费来源分 | | | |
|---|---|---|---|---|---|---|---|---|
| | | 基础研究 | 应用研究 | 试验发展 | 政府资金 | 企业资金 | 境外资金 | 其他资金 |
| **总计** | 369684 | 64004 | 92137 | 213543 | 268048 | 15667 | 244 | 85725 |
| **按机构所属地域分布** | | | | | | | | |
| 全省 | 369684 | 64004 | 92137 | 213543 | 268048 | 15667 | 244 | 85725 |
| 长沙市 | 277443 | 56409 | 77426 | 143608 | 194708 | 14253 | 244 | 68238 |
| 株洲市 | 1158 | — | — | 1158 | 1150 | — | — | 8 |
| 湘潭市 | 18676 | 817 | 6459 | 11400 | 12485 | 599 | — | 5593 |
| 衡阳市 | 5805 | 131 | 613 | 5061 | 5784 | — | — | 22 |
| 邵阳市 | 2402 | — | 129 | 2273 | 2402 | — | — | — |
| 岳阳市 | 6145 | 2975 | — | 3170 | 2718 | — | — | 3427 |
| 常德市 | 10353 | 41 | 1471 | 8841 | 10310 | — | — | 43 |
| 张家界市 | 528 | 54 | 30 | 444 | 528 | — | — | — |
| 益阳市 | 4058 | — | 716 | 3342 | 3980 | — | — | 78 |
| 郴州市 | 8675 | 80 | 846 | 7749 | 7860 | 316 | — | 499 |
| 永州市 | 14102 | 2915 | 1864 | 9323 | 8038 | 388 | — | 5676 |
| 怀化市 | 17082 | 228 | 2559 | 14295 | 15179 | — | — | 1904 |
| 娄底市 | 495 | 354 | — | 141 | 171 | 111 | — | 214 |
| 湘西州 | 2761 | — | 24 | 2737 | 2737 | — | — | 24 |
| **按机构所属隶属关系分布** | | | | | | | | |
| 中央部门属 | 27836 | 14036 | 5291 | 8509 | 24104 | 1281 | 244 | 2207 |
| 中国科学院 | 16344 | 8749 | 1210 | 6384 | 14621 | 1221 | 244 | 258 |
| 地方部门属 | 341847 | 49969 | 86845 | 205034 | 243943 | 14386 | — | 83518 |
| 省级部门属 | 243828 | 42293 | 72784 | 128751 | 165361 | 12891 | — | 65576 |
| 地市级部门属 | 65424 | 3028 | 11242 | 51154 | 53828 | 1146 | — | 10450 |
| **按机构从事的国民经济行业分布** | | | | | | | | |
| 科学研究和技术服务业 | 369684 | 64004 | 92137 | 213543 | 268048 | 15667 | 244 | 85725 |
| 研究和试验发展 | 246785 | 59136 | 61179 | 126470 | 186629 | 10891 | 244 | 49020 |
| 专业技术服务业 | 93149 | 3423 | 29815 | 59911 | 57182 | 4305 | — | 31663 |
| 科技推广和应用服务业 | 29749 | 1446 | 1142 | 27161 | 24237 | 470 | — | 5042 |

续表 2-27

| 项目 | R&D经费内部支出 | 按活动类型分 | | | 按经费来源分 | | | |
|---|---|---|---|---|---|---|---|---|
| | | 基础研究 | 应用研究 | 试验发展 | 政府资金 | 企业资金 | 境外资金 | 其他资金 |
| **按机构服务的国民经济行业分布** | | | | | | | | |
| 农、林、牧、渔业 | 120740 | 28495 | 23594 | 68651 | 106073 | 4045 | 244 | 10378 |
| 　农业 | 78941 | 21788 | 14902 | 42251 | 69920 | 3610 | 244 | 5167 |
| 　林业 | 20715 | 3519 | 4835 | 12361 | 19228 | 83 | — | 1404 |
| 　畜牧业 | 3107 | 745 | 905 | 1456 | 1267 | — | — | 1840 |
| 　渔业 | 3584 | 1243 | 1761 | 581 | 2946 | 231 | — | 407 |
| 　农、林、牧、渔专业及辅助性活动 | 14393 | 1200 | 1192 | 12002 | 12712 | 121 | | 1560 |
| 采矿业 | 1026 | 265 | 710 | 51 | 269 | — | — | 757 |
| 　开采专业及辅助性活动 | 316 | 265 | — | 51 | 165 | — | — | 151 |
| 　其他采矿业 | 710 | — | 710 | — | 104 | — | — | 607 |
| 制造业 | 19686 | 194 | 955 | 18536 | 15971 | 120 | — | 3594 |
| 　农副食品加工业 | 2367 | 70 | 83 | 2213 | 1824 | — | — | 543 |
| 　食品制造业 | 1833 | 124 | — | 1709 | 1582 | 7 | — | 244 |
| 　化学原料和化学制品制造业 | 2480 | — | — | 2480 | 614 | — | — | 1865 |
| 　医药制造业 | 4752 | — | 872 | 3880 | 3810 | — | — | 943 |
| 　汽车制造业 | 3982 | — | — | 3982 | 3868 | 113 | — | — |
| 　计算机、通信和其他电子设备制造业 | 4272 | — | — | 4272 | 4272 | — | — | — |
| 电力、热力、燃气及水生产和供应业 | 114 | — | — | 114 | 114 | — | — | — |
| 　电力、热力生产和供应业 | 114 | — | — | 114 | 114 | — | — | — |
| 建筑业 | 850 | — | — | 850 | 850 | — | — | — |
| 　土木工程建筑业 | 850 | — | — | 850 | 850 | — | — | — |
| 信息传输、软件和信息技术服务业 | 2829 | — | — | 2829 | 2496 | — | — | 334 |
| 　软件和信息技术服务业 | 2829 | — | — | 2829 | 2496 | — | — | 334 |
| 科学研究和技术服务业 | 369684 | 64004 | 92137 | 213543 | 268048 | 15667 | 244 | 85725 |
| 　研究和试验发展 | 246785 | 59136 | 61179 | 126470 | 186629 | 10891 | 244 | 49020 |
| 　专业技术服务业 | 93149 | 3423 | 29815 | 59911 | 57182 | 4305 | — | 31663 |
| 　科技推广和应用服务业 | 29749 | 1446 | 1142 | 27161 | 24237 | 470 | — | 5042 |

续表 2-27

| 项目 | R&D经费内部支出 | 按活动类型分 | | | 按经费来源分 | | | |
|---|---|---|---|---|---|---|---|---|
| | | 基础研究 | 应用研究 | 试验发展 | 政府资金 | 企业资金 | 境外资金 | 其他资金 |
| 水利、环境和公共设施管理业 | 9510 | 1673 | 2267 | 5570 | 7382 | 1065 | — | 1063 |
| 水利管理业 | 1556 | 943 | 614 | — | 871 | — | — | 686 |
| 生态保护和环境治理业 | 7954 | 730 | 1653 | 5570 | 6512 | 1065 | — | 377 |
| 教育 | 575 | — | 575 | — | 575 | — | — | — |
| 教育 | 575 | — | 575 | — | 575 | — | — | — |
| 文化、体育和娱乐业 | 1282 | — | 150 | 1132 | 1282 | — | — | — |
| 文化艺术业 | 150 | — | 150 | — | 150 | — | — | — |
| 体育 | 1132 | — | — | 1132 | 1132 | — | — | — |
| 按机构所属学科分布 | | | | | | | | |
| 自然科学领域 | 53319 | 11188 | 9111 | 33020 | 37295 | 5443 | 244 | 10336 |
| 数学 | 2829 | — | — | 2829 | 2496 | — | — | 334 |
| 信息科学与系统科学 | 1548 | — | 461 | 1087 | 943 | 599 | — | 7 |
| 化学 | 3347 | — | 356 | 2992 | 1100 | — | — | 2247 |
| 天文学 | 24 | — | 24 | — | — | — | — | 24 |
| 地球科学 | 25748 | 1776 | 6933 | 17039 | 16743 | 3676 | — | 5330 |
| 生物学 | 19822 | 9412 | 1336 | 9073 | 16014 | 1168 | 244 | 2395 |
| 农业科学领域 | 151844 | 25577 | 32702 | 93566 | 131926 | 3630 | — | 16288 |
| 农学 | 112964 | 18693 | 24199 | 70072 | 100295 | 2966 | — | 9703 |
| 林学 | 24164 | 3747 | 5174 | 15243 | 21177 | 83 | — | 2904 |
| 畜牧、兽医科学 | 11030 | 1894 | 1568 | 7568 | 7508 | 350 | — | 3172 |
| 水产学 | 3686 | 1243 | 1761 | 683 | 2946 | 231 | — | 509 |
| 医学科学领域 | 42071 | 10633 | 13494 | 17945 | 14337 | 4543 | — | 23191 |
| 药学 | 5700 | — | 872 | 4828 | 4758 | — | — | 943 |
| 中医学与中药学 | 36371 | 10633 | 12622 | 13116 | 9580 | 4543 | — | 22249 |
| 工程与技术科学领域 | 94136 | 6515 | 23739 | 63883 | 63173 | 2051 | — | 28913 |
| 工程与技术科学基础学科 | 8962 | 336 | 503 | 8124 | 8011 | 866 | — | 86 |
| 信息与系统科学相关工程与技术 | 192 | — | — | 192 | 192 | — | — | — |
| 自然科学相关工程与技术 | 15400 | 1159 | 3470 | 10772 | 9224 | — | — | 6176 |
| 测绘科学技术 | 23057 | 150 | 11540 | 11367 | 12946 | — | — | 10111 |
| 材料科学 | 562 | — | 562 | — | 562 | — | — | — |

续表 2-27

| 项目 | R&D经费内部支出 | 按活动类型分 | | | 按经费来源分 | | | |
|---|---|---|---|---|---|---|---|---|
| | | 基础研究 | 应用研究 | 试验发展 | 政府资金 | 企业资金 | 境外资金 | 其他资金 |
| 动力与电气工程 | 114 | — | — | 114 | 114 | — | — | — |
| 核科学技术 | 392 | — | — | 392 | — | — | — | 392 |
| 电子与通信技术 | 4272 | — | — | 4272 | 4272 | — | — | — |
| 计算机科学技术 | 1856 | — | 1023 | 833 | 1856 | — | — | — |
| 化学工程 | 439 | — | — | 439 | 439 | — | — | — |
| 产品应用相关工程与技术 | 307 | — | 141 | 166 | 104 | — | — | 203 |
| 食品科学技术 | 7020 | 194 | 1165 | 5661 | 6227 | 7 | — | 787 |
| 土木建筑工程 | 1006 | — | 156 | 850 | 1006 | — | — | — |
| 水利工程 | 1556 | 943 | 614 | — | 871 | — | — | 686 |
| 交通运输工程 | 3982 | — | — | 3982 | 3868 | 113 | — | — |
| 航空、航天科学技术 | 3664 | 2975 | — | 690 | 836 | — | — | 2828 |
| 环境科学技术及资源科学技术 | 15695 | 730 | 4397 | 10568 | 7927 | 1065 | — | 6704 |
| 安全科学技术 | 2644 | 28 | 28 | 2587 | 2100 | — | — | 543 |
| 管理学 | 3014 | — | 139 | 2875 | 2618 | — | — | 396 |
| 人文与社会科学领域 | 28313 | 10092 | 13092 | 5130 | 21316 | — | — | 6997 |
| 艺术学 | 150 | — | 150 | — | 150 | — | — | — |
| 考古学 | 11872 | 7645 | 2342 | 1886 | 4991 | — | — | 6881 |
| 社会学 | 7250 | 2392 | 4858 | — | 7250 | — | — | — |
| 图书馆、情报与文献学 | 2467 | 54 | 300 | 2113 | 2351 | — | — | 116 |
| 教育学 | 5442 | — | 5442 | — | 5442 | — | — | — |
| 体育科学 | 1132 | — | — | 1132 | 1132 | — | — | — |
| **按机构从业人员规模分** | | | | | | | | |
| ≥1000 人 | 41852 | 11254 | 13672 | 16926 | 13620 | 4543 | — | 23689 |
| 500~999 人 | 10851 | 38 | 1304 | 9509 | 3830 | 83 | — | 6937 |
| 300~499 人 | 43598 | 2243 | 16814 | 24541 | 27074 | 3624 | — | 12900 |
| 200~299 人 | 54259 | 16046 | 12996 | 25217 | 50539 | 3098 | 244 | 377 |
| 100~199 人 | 85326 | 20390 | 19688 | 45249 | 60366 | 1858 | — | 23101 |
| 50~99 人 | 84599 | 10981 | 19285 | 54333 | 72128 | 1244 | — | 11227 |
| 30~49 人 | 25673 | 1826 | 4389 | 19458 | 20076 | 769 | — | 4829 |
| 20~29 人 | 10176 | 961 | 2280 | 6935 | 9180 | 388 | — | 608 |
| 10~19 人 | 6503 | 212 | 1532 | 4760 | 4487 | 53 | — | 1964 |
| 0~9 人 | 6847 | 54 | 178 | 6615 | 6747 | 7 | — | 93 |

## 表 2-28　R&D 经费内部支出按经费类别分

计量单位：万元

| 项目 | R&D经费内部支出 | 日常性支出 | | | 资产性支出 | 土建费 | 仪器与设备支出 | 资本化的计算机软件支出 | 专利和专有技术支出 |
|---|---|---|---|---|---|---|---|---|---|
| | | | 人员劳务费 | 其他日常性支出 | | | | | |
| **总计** | 369684 | 303985 | 189229 | 114755 | 65699 | 20984 | 37674 | 4835 | 2206 |
| **按机构所属地域分布** | | | | | | | | | |
| 全省 | 369684 | 303985 | 189229 | 114755 | 65699 | 20984 | 37674 | 4835 | 2206 |
| 长沙市 | 277443 | 221250 | 132722 | 88528 | 56193 | 18509 | 31800 | 4705 | 1179 |
| 株洲市 | 1158 | 946 | 669 | 277 | 212 | 1 | 206 | 4 | 1 |
| 湘潭市 | 18676 | 16324 | 9675 | 6649 | 2352 | 227 | 1212 | 69 | 844 |
| 衡阳市 | 5805 | 5208 | 2914 | 2294 | 598 | 203 | 388 | 6 | 1 |
| 邵阳市 | 2402 | 1876 | 1697 | 179 | 526 | 328 | 198 | — | — |
| 岳阳市 | 6145 | 5544 | 3184 | 2361 | 601 | 600 | 1 | — | — |
| 常德市 | 10353 | 9695 | 6801 | 2894 | 658 | 168 | 484 | — | 6 |
| 张家界市 | 528 | 392 | 286 | 106 | 135 | 10 | 40 | — | 86 |
| 益阳市 | 4058 | 3962 | 2615 | 1346 | 97 | — | 97 | — | — |
| 郴州市 | 8675 | 7802 | 6227 | 1575 | 873 | 109 | 749 | — | 15 |
| 永州市 | 14102 | 12568 | 8294 | 4274 | 1535 | 191 | 1240 | 30 | 73 |
| 怀化市 | 17082 | 15381 | 11471 | 3910 | 1701 | 638 | 1042 | 20 | 1 |
| 娄底市 | 495 | 277 | 220 | 57 | 218 | — | 218 | — | — |
| 湘西州 | 2761 | 2761 | 2455 | 306 | — | — | — | — | — |
| **按机构所属隶属关系分布** | | | | | | | | | |
| 中央部门属 | 27836 | 24618 | 14875 | 9743 | 3218 | 1334 | 1880 | 4 | — |
| 中国科学院 | 16344 | 14166 | 8232 | 5934 | 2178 | 829 | 1345 | 4 | — |
| 地方部门属 | 341847 | 279367 | 174355 | 105012 | 62480 | 19650 | 35794 | 4831 | 2206 |
| 省级部门属 | 243828 | 197222 | 118439 | 78782 | 46606 | 17428 | 23290 | 4701 | 1186 |
| 地市级部门属 | 65424 | 57427 | 38761 | 18666 | 7997 | 1379 | 6339 | 24 | 255 |
| **按机构从事的国民经济行业分布** | | | | | | | | | |
| 科学研究和技术服务业 | 369684 | 303985 | 189229 | 114755 | 65699 | 20984 | 37674 | 4835 | 2206 |
| 研究和试验发展 | 246785 | 215220 | 127810 | 87410 | 31566 | 12465 | 17711 | 759 | 630 |
| 专业技术服务业 | 93149 | 65677 | 43750 | 21927 | 27472 | 7648 | 14366 | 4025 | 1434 |
| 科技推广和应用服务业 | 29749 | 23088 | 17670 | 5419 | 6661 | 871 | 5597 | 51 | 142 |

续表 2-28

| 项目 | R&D经费内部支出 | 日常性支出 | 人员劳务费 | 其他日常性支出 | 资产性支出 | 土建费 | 仪器与设备支出 | 资本化的计算机软件支出 | 专利和专有技术支出 |
|---|---|---|---|---|---|---|---|---|---|
| **按机构服务的国民经济行业分布** | | | | | | | | | |
| 农、林、牧、渔业 | 120740 | 108227 | 66926 | 41301 | 12512 | 3553 | 8215 | 291 | 453 |
| 农业 | 78941 | 71172 | 43047 | 28125 | 7769 | 2877 | 4435 | 25 | 431 |
| 林业 | 20715 | 18185 | 10704 | 7481 | 2531 | 96 | 2197 | 236 | 1 |
| 畜牧业 | 3107 | 2135 | 1611 | 525 | 971 | 358 | 578 | 15 | 20 |
| 渔业 | 3584 | 3035 | 1953 | 1081 | 550 | — | 550 | — | — |
| 农、林、牧、渔专业及辅助性活动 | 14393 | 13701 | 9612 | 4089 | 692 | 222 | 455 | 15 | — |
| 采矿业 | 1026 | 363 | 245 | 118 | 663 | 266 | 397 | — | — |
| 开采专业及辅助性活动 | 316 | 185 | 109 | 76 | 130 | 75 | 55 | — | — |
| 其他采矿业 | 710 | 178 | 136 | 42 | 533 | 191 | 342 | — | — |
| 制造业 | 19686 | 7106 | 4101 | 3005 | 12580 | 2227 | 10348 | 4 | 1 |
| 农副食品加工业 | 2367 | 2141 | 1272 | 869 | 226 | — | 226 | — | — |
| 食品制造业 | 1833 | 251 | 238 | 13 | 1582 | 361 | 1222 | — | — |
| 化学原料和化学制品制造业 | 2480 | 485 | 398 | 88 | 1994 | 1866 | 123 | 4 | 1 |
| 医药制造业 | 4752 | 1955 | 970 | 985 | 2797 | — | 2797 | — | — |
| 汽车制造业 | 3982 | 1457 | 1110 | 347 | 2525 | — | 2525 | — | — |
| 计算机、通信和其他电子设备制造业 | 4272 | 817 | 114 | 703 | 3456 | — | 3456 | — | — |
| 电力、热力、燃气及水生产和供应业 | 114 | 114 | 47 | 68 | — | — | — | — | — |
| 电力、热力生产和供应业 | 114 | 114 | 47 | 68 | — | — | — | — | — |
| 建筑业 | 850 | 850 | 746 | 104 | — | — | — | — | — |
| 土木工程建筑业 | 850 | 850 | 746 | 104 | — | — | — | — | — |
| 信息传输、软件和信息技术服务业 | 2829 | 2654 | 2223 | 431 | 175 | — | 175 | — | — |
| 软件和信息技术服务业 | 2829 | 2654 | 2223 | 431 | 175 | — | 175 | — | — |
| 科学研究和技术服务业 | 369684 | 303985 | 189229 | 114755 | 65699 | 20984 | 37674 | 4835 | 2206 |
| 研究和试验发展 | 246785 | 215220 | 127810 | 87410 | 31566 | 12465 | 17711 | 759 | 630 |
| 专业技术服务业 | 93149 | 65677 | 43750 | 21927 | 27472 | 7648 | 14366 | 4025 | 1434 |
| 科技推广和应用服务业 | 29749 | 23088 | 17670 | 5419 | 6661 | 871 | 5597 | 51 | 142 |
| 水利、环境和公共设施管理业 | 9510 | 8536 | 5823 | 2713 | 974 | 320 | 317 | 119 | 218 |

续表 2-28

| 项目 | R&D经费内部支出 | 日常性支出 | 人员劳务费 | 其他日常性支出 | 资产性支出 | 土建费 | 仪器与设备支出 | 资本化的计算机软件支出 | 专利和专有技术支出 |
|---|---|---|---|---|---|---|---|---|---|
| 水利管理业 | 1556 | 1438 | 1305 | 133 | 119 | — | — | 119 | — |
| 生态保护和环境治理业 | 7954 | 7098 | 4518 | 2580 | 856 | 320 | 317 | — | 218 |
| 教育 | 575 | 575 | 391 | 184 | — | — | — | — | — |
| 教育 | 575 | 575 | 391 | 184 | — | — | — | — | — |
| 文化、体育和娱乐业 | 1282 | 1280 | 835 | 445 | 2 | — | 2 | — | — |
| 文化艺术业 | 150 | 150 | 150 | 1 | — | — | — | — | — |
| 体育 | 1132 | 1130 | 685 | 445 | 2 | — | 2 | — | — |
| **按机构所属学科分布** | | | | | | | | | |
| 自然科学领域 | 53319 | 44741 | 28125 | 16616 | 8578 | 3648 | 4349 | 575 | 6 |
| 数学 | 2829 | 2654 | 2223 | 431 | 175 | — | 175 | — | — |
| 信息科学与系统科学 | 1548 | 1494 | 1033 | 461 | 55 | — | 55 | — | — |
| 化学 | 3347 | 1418 | 780 | 638 | 1930 | 1865 | 64 | — | — |
| 天文学 | 24 | 24 | 24 | — | — | — | — | — | — |
| 地球科学 | 25748 | 21530 | 13302 | 8228 | 4219 | 1006 | 2636 | 572 | 6 |
| 生物学 | 19822 | 17622 | 10763 | 6859 | 2200 | 777 | 1420 | 4 | — |
| 农业科学领域 | 151844 | 133341 | 84260 | 49081 | 18503 | 7538 | 10099 | 344 | 522 |
| 农学 | 112964 | 99628 | 62447 | 37181 | 13336 | 6908 | 5887 | 63 | 478 |
| 林学 | 24164 | 21462 | 13288 | 8174 | 2702 | 96 | 2369 | 236 | 1 |
| 畜牧、兽医科学 | 11030 | 9117 | 6485 | 2632 | 1913 | 533 | 1291 | 46 | 43 |
| 水产学 | 3686 | 3134 | 2040 | 1094 | 552 | — | 552 | — | — |
| 医学科学领域 | 42071 | 33630 | 20907 | 12723 | 8441 | 3642 | 4799 | — | — |
| 药学 | 5700 | 2903 | 1749 | 1154 | 2797 | — | 2797 | — | — |
| 中医学与中药学 | 36371 | 30727 | 19158 | 11569 | 5644 | 3642 | 2002 | — | — |
| 工程与技术科学领域 | 94136 | 64306 | 39730 | 24576 | 29830 | 6111 | 18263 | 3808 | 1647 |
| 工程与技术科学基础学科 | 8962 | 7767 | 2054 | 5713 | 1195 | — | 1179 | 14 | 3 |
| 信息与系统科学相关工程与技术 | 192 | 192 | 112 | 80 | — | — | — | — | — |
| 自然科学相关工程与技术 | 15400 | 10868 | 7696 | 3172 | 4532 | 4132 | 183 | 215 | 3 |
| 测绘科学技术 | 23057 | 13010 | 7965 | 5045 | 10047 | — | 5937 | 3360 | 750 |
| 材料科学 | 562 | 454 | 257 | 198 | 108 | — | 93 | — | 14 |
| 动力与电气工程 | 114 | 114 | 47 | 68 | — | — | — | — | — |
| 核科学技术 | 392 | 196 | 154 | 42 | 197 | — | 165 | 32 | — |

续表 2-28

| 项目 | R&D经费内部支出 | 日常性支出 | 人员劳务费 | 其他日常性支出 | 资产性支出 | 土建费 | 仪器与设备支出 | 资本化的计算机软件支出 | 专利和专有技术支出 |
|---|---|---|---|---|---|---|---|---|---|
| 电子与通信技术 | 4272 | 817 | 114 | 703 | 3456 | — | 3456 | — | — |
| 计算机科学技术 | 1856 | 1826 | 889 | 938 | 30 | — | 30 | — | — |
| 化学工程 | 439 | 310 | 235 | 75 | 129 | 1 | 123 | 4 | 1 |
| 产品应用相关工程与技术 | 307 | 290 | 233 | 57 | 18 | 18 | — | — | — |
| 食品科学技术 | 7020 | 4668 | 3474 | 1194 | 2352 | 672 | 1678 | 2 | — |
| 土木建筑工程 | 1006 | 1006 | 833 | 173 | — | — | — | — | — |
| 水利工程 | 1556 | 1438 | 1305 | 133 | 119 | — | — | 119 | — |
| 交通运输工程 | 3982 | 1457 | 1110 | 347 | 2525 | — | 2525 | — | — |
| 航空、航天科学技术 | 3664 | 3064 | 1405 | 1659 | 600 | 600 | — | — | — |
| 环境科学技术及资源科学技术 | 15695 | 13032 | 9397 | 3634 | 2664 | 689 | 1714 | 8 | 253 |
| 安全科学技术 | 2644 | 2089 | 1424 | 665 | 555 | — | 555 | — | — |
| 管理学 | 3014 | 1709 | 1029 | 681 | 1305 | — | 627 | 55 | 623 |
| 人文与社会科学领域 | 28313 | 27967 | 16207 | 11759 | 346 | 45 | 164 | 106 | 31 |
| 艺术学 | 150 | 150 | 150 | 1 | — | — | — | — | — |
| 考古学 | 11872 | 11836 | 5679 | 6158 | 36 | — | 36 | — | — |
| 社会学 | 7250 | 7122 | 4413 | 2709 | 128 | 45 | 83 | 1 | — |
| 图书馆、情报与文献学 | 2467 | 2332 | 1311 | 1021 | 135 | — | 3 | 101 | 31 |
| 教育学 | 5442 | 5397 | 3971 | 1426 | 45 | — | 40 | 5 | — |
| 体育科学 | 1132 | 1130 | 685 | 445 | 2 | — | 2 | — | — |
| **按机构从业人员规模分** | | | | | | | | | |
| ≥1000 人 | 41852 | 34715 | 21974 | 12742 | 7136 | 4079 | 2686 | 370 | 2 |
| 500~999 人 | 10851 | 8193 | 6312 | 1881 | 2658 | 386 | 1958 | 279 | 35 |
| 300~499 人 | 43598 | 29319 | 19198 | 10121 | 14279 | 3868 | 6349 | 3305 | 757 |
| 200~299 人 | 54259 | 47399 | 22717 | 24681 | 6861 | 1902 | 4841 | 118 | — |
| 100~199 人 | 85326 | 71923 | 43780 | 28143 | 13403 | 6268 | 6825 | 271 | 40 |
| 50~99 人 | 84599 | 75047 | 50295 | 24752 | 9552 | 1983 | 6822 | 370 | 377 |
| 30~49 人 | 25673 | 20194 | 14088 | 6107 | 5479 | 1939 | 2825 | 60 | 655 |
| 20~29 人 | 10176 | 9407 | 5998 | 3409 | 770 | 50 | 465 | 19 | 236 |
| 10~19 人 | 6503 | 6076 | 4217 | 1859 | 428 | 138 | 225 | 44 | 22 |
| 0~9 人 | 6847 | 1713 | 653 | 1061 | 5134 | 371 | 4681 | — | 83 |

### 表 2-29　R&D 经费外部支出

计量单位：万元

| 项目 | R&D经费外部支出 | 对境内研究机构支出 | 对境内高等学校支出 | 对境内企业支出 | 对境内其他单位支出 | 对境外机构支出 |
|---|---|---|---|---|---|---|
| **总计** | 17107 | 7791 | 6089 | 2992 | 234 | — |
| **按机构所属地域分布** | | | | | | |
| 全省 | 17107 | 7791 | 6089 | 2992 | 234 | — |
| 长沙市 | 16987 | 7783 | 6012 | 2986 | 206 | — |
| 湘潭市 | 16 | — | 10 | 6 | — | — |
| 衡阳市 | 23 | — | — | — | 23 | — |
| 常德市 | 5 | — | — | — | 5 | — |
| 永州市 | 9 | 8 | — | — | 1 | — |
| 怀化市 | 67 | — | 67 | — | — | — |
| **按机构所属隶属关系分布** | | | | | | |
| 中央部门属 | 3306 | 1024 | 2210 | 68 | 5 | — |
| 中国科学院 | 3266 | 1024 | 2170 | 68 | 5 | — |
| 地方部门属 | 13800 | 6768 | 3879 | 2924 | 229 | — |
| 省级部门属 | 13697 | 6760 | 3813 | 2924 | 201 | — |
| 地市级部门属 | 32 | 8 | — | — | 24 | — |
| **按机构从事的国民经济行业分布** | | | | | | |
| 科学研究和技术服务业 | 17107 | 7791 | 6089 | 2992 | 234 | — |
| 研究和试验发展 | 16491 | 7722 | 5855 | 2851 | 63 | — |
| 专业技术服务业 | 545 | 69 | 168 | 141 | 167 | — |
| 科技推广和应用服务业 | 71 | — | 66 | — | 5 | — |
| **按机构服务的国民经济行业分布** | | | | | | |
| 农、林、牧、渔业 | 5263 | 2654 | 2508 | 68 | 33 | — |
| 农业 | 5198 | 2654 | 2448 | 68 | 28 | — |
| 林业 | 60 | — | 60 | — | — | — |
| 渔业 | 5 | — | — | — | 5 | — |
| 采矿业 | 9 | 9 | — | — | — | — |
| 其他采矿业 | 9 | 9 | — | — | — | — |
| 制造业 | 4500 | 2500 | 2000 | — | — | — |
| 计算机、通信和其他电子设备制造业 | 4500 | 2500 | 2000 | — | — | — |

续表 2-29

| 项目 | R&D经费外部支出 | 对境内研究机构支出 | 对境内高等学校支出 | 对境内企业支出 | 对境内其他单位支出 | 对境外机构支出 |
|---|---|---|---|---|---|---|
| 科学研究和技术服务业 | 17107 | 7791 | 6089 | 2992 | 234 | — |
| 研究和试验发展 | 16491 | 7722 | 5855 | 2851 | 63 | |
| 专业技术服务业 | 545 | 69 | 168 | 141 | 167 | |
| 科技推广和应用服务业 | 71 | — | 66 | — | 5 | |
| 水利、环境和公共设施管理业 | 583 | 18 | 31 | 499 | 35 | |
| 生态保护和环境治理业 | 583 | 18 | 31 | 499 | 35 | |
| **按机构所属学科分布** | | | | | | |
| 自然科学领域 | 3275 | 1032 | 2170 | 68 | 5 | — |
| 地球科学 | 9 | 9 | — | — | — | |
| 生物学 | 3266 | 1024 | 2170 | 68 | 5 | |
| 农业科学领域 | 6504 | 4131 | 822 | 1524 | 28 | |
| 农学 | 6439 | 4131 | 762 | 1524 | 23 | |
| 林学 | 60 | — | 60 | — | — | |
| 水产学 | 5 | — | — | — | 5 | |
| 工程与技术科学领域 | 7328 | 2629 | 3097 | 1400 | 202 | |
| 测绘科学技术 | 512 | 53 | 158 | 135 | 166 | |
| 材料科学 | 9 | 8 | — | — | 1 | |
| 计算机科学技术 | 1702 | 50 | 892 | 760 | — | |
| 环境科学技术及资源科学技术 | 599 | 18 | 41 | 505 | 35 | |
| 管理学 | 4506 | 2500 | 2006 | — | — | |
| **按机构从业人员规模分** | | | | | | |
| 300~499 人 | 512 | 53 | 158 | 135 | 166 | — |
| 200~299 人 | 3850 | 1042 | 2201 | 567 | 40 | — |
| 100~199 人 | 4556 | 2509 | 524 | 1524 | — | |
| 50~99 人 | 3580 | 1680 | 1134 | 766 | — | |
| 30~49 人 | 28 | — | — | — | 28 | |
| 20~29 人 | 69 | 8 | 60 | — | 1 | |
| 10~19 人 | 6 | — | 6 | — | — | |
| 0~9 人 | 4507 | 2500 | 2007 | — | — | |

## 表 2-30 R&D 日常性支出

计量单位：万元

| 项目 | R&D日常性支出 | 按活动类型分 | | | 按来源分 | | | | |
|---|---|---|---|---|---|---|---|---|---|
| | | 基础研究 | 应用研究 | 试验发展 | 政府资金 | 企业资金 | 事业单位资金 | 国外资金 | 其他资金 |
| **总计** | 303985 | 55411 | 73486 | 175088 | 215192 | 15322 | 73157 | 212 | 101 |
| **按机构所属地域分布** | | | | | | | | | |
| 全省 | 303985 | 55411 | 73486 | 175088 | 215192 | 15322 | 73157 | 212 | 101 |
| 长沙市 | 221250 | 49172 | 60156 | 111922 | 149534 | 14026 | 57430 | 212 | 49 |
| 株洲市 | 946 | — | — | 946 | 938 | — | 8 | | |
| 湘潭市 | 16324 | 650 | 6065 | 9610 | 10681 | 544 | 5100 | | |
| 衡阳市 | 5208 | 118 | 527 | 4563 | 5188 | — | 20 | | |
| 邵阳市 | 1876 | — | 129 | 1747 | 1876 | — | — | | |
| 岳阳市 | 5544 | 2400 | — | 3144 | 2441 | — | 3104 | | |
| 常德市 | 9695 | 39 | 1318 | 8338 | 9658 | — | 37 | — | |
| 张家界市 | 392 | 54 | 30 | 308 | 392 | — | — | | |
| 益阳市 | 3962 | — | 716 | 3246 | 3913 | — | 48 | | |
| 郴州市 | 7802 | 77 | 482 | 7243 | 7379 | 290 | 133 | | |
| 永州市 | 12568 | 2578 | 1668 | 8321 | 6703 | 372 | 5493 | | |
| 怀化市 | 15381 | 126 | 2371 | 12884 | 13588 | — | 1741 | | 52 |
| 娄底市 | 277 | 198 | — | 79 | 166 | 91 | 20 | | |
| 湘西州 | 2761 | — | 24 | 2737 | 2737 | — | 24 | | |
| **按机构所属隶属关系分布** | | | | | | | | | |
| 中央部门属 | 24618 | 12283 | 4711 | 7625 | 21077 | 1125 | 2204 | 212 | — |
| 中国科学院 | 14166 | 7586 | 1049 | 5531 | 12631 | 1065 | 258 | 212 | |
| 地方部门属 | 279367 | 43128 | 68775 | 167464 | 194115 | 14197 | 70954 | — | 101 |
| 省级部门属 | 197222 | 36807 | 55718 | 104698 | 129410 | 12853 | 54909 | — | 49 |
| 地市级部门属 | 57427 | 2615 | 10498 | 44314 | 46992 | 1009 | 9425 | — | — |
| **按机构从事的国民经济行业分布** | | | | | | | | | |
| 科学研究和技术服务业 | 303985 | 55411 | 73486 | 175088 | 215192 | 15322 | 73157 | 212 | 101 |
| 研究和试验发展 | 215220 | 51551 | 53295 | 110375 | 159085 | 10653 | 45222 | 212 | 49 |
| 专业技术服务业 | 65677 | 2680 | 19206 | 43792 | 38142 | 4251 | 23285 | | |
| 科技推广和应用服务业 | 23088 | 1181 | 986 | 20922 | 17966 | 419 | 4651 | — | 52 |

续表 2-31

| 项目 | R&D日常性支出 | 按活动类型分 | | | 按来源分 | | | | |
|---|---|---|---|---|---|---|---|---|---|
| | | 基础研究 | 应用研究 | 试验发展 | 政府资金 | 企业资金 | 事业单位资金 | 国外资金 | 其他资金 |
| **按机构服务的国民经济行业分布** | | | | | | | | | |
| 农、林、牧、渔业 | 108227 | 24899 | 20489 | 62840 | 95258 | 3819 | 8838 | 212 | 101 |
| 农业 | 71172 | 19326 | 13217 | 38629 | 62967 | 3404 | 4541 | 212 | 49 |
| 林业 | 18185 | 3000 | 3984 | 11200 | 16951 | 83 | 1098 | — | 52 |
| 畜牧业 | 2135 | 504 | 613 | 1019 | 651 | — | 1484 | — | — |
| 渔业 | 3035 | 1049 | 1493 | 492 | 2396 | 231 | 407 | — | — |
| 农、林、牧、渔专业及辅助性活动 | 13701 | 1019 | 1183 | 11500 | 12293 | 101 | 1307 | — | — |
| 采矿业 | 363 | 155 | 178 | 30 | 214 | — | 149 | — | — |
| 开采专业及辅助性活动 | 185 | 155 | — | 30 | 110 | — | 75 | — | — |
| 其他采矿业 | 178 | — | 178 | — | 104 | — | 74 | — | — |
| 制造业 | 7106 | 161 | 434 | 6511 | 5292 | 85 | 1729 | — | — |
| 农副食品加工业 | 2141 | 64 | 75 | 2002 | 1598 | — | 543 | — | — |
| 食品制造业 | 251 | 98 | — | 154 | — | 7 | 244 | — | — |
| 化学原料和化学制品制造业 | 485 | — | — | 485 | 485 | — | — | — | — |
| 医药制造业 | 1955 | — | 359 | 1596 | 1013 | — | 943 | — | — |
| 汽车制造业 | 1457 | — | — | 1457 | 1380 | 77 | — | — | — |
| 计算机、通信和其他电子设备制造业 | 817 | — | — | 817 | 817 | — | — | — | — |
| 电力、热力、燃气及水生产和供应业 | 114 | — | — | 114 | 114 | — | — | — | — |
| 电力、热力生产和供应业 | 114 | — | — | 114 | 114 | — | — | — | — |
| 建筑业 | 850 | — | — | 850 | 850 | — | — | — | — |
| 土木工程建筑业 | 850 | — | — | 850 | 850 | — | — | — | — |
| 信息传输、软件和信息技术服务业 | 2654 | — | — | 2654 | 2464 | — | 191 | — | — |
| 软件和信息技术服务业 | 2654 | — | — | 2654 | 2464 | — | 191 | — | — |
| 科学研究和技术服务业 | 303985 | 55411 | 73486 | 175088 | 215192 | 15322 | 73157 | 212 | 101 |
| 研究和试验发展 | 215220 | 51551 | 53295 | 110375 | 159085 | 10653 | 45222 | 212 | 49 |
| 专业技术服务业 | 65677 | 2680 | 19206 | 43792 | 38142 | 4251 | 23285 | — | — |
| 科技推广和应用服务业 | 23088 | 1181 | 986 | 20922 | 17966 | 419 | 4651 | — | 52 |
| 水利、环境和公共设施管理业 | 8536 | 1429 | 1993 | 5114 | 6904 | 1065 | 567 | — | — |
| 水利管理业 | 1438 | 871 | 567 | — | 871 | — | 567 | — | — |

续表 2-31

| 项目 | R&D日常性支出 | 按活动类型分 | | | 按来源分 | | | | |
|---|---|---|---|---|---|---|---|---|---|
| | | 基础研究 | 应用研究 | 试验发展 | 政府资金 | 企业资金 | 事业单位资金 | 国外资金 | 其他资金 |
| 生态保护和环境治理业 | 7098 | 558 | 1426 | 5114 | 6033 | 1065 | — | — | — |
| 教育 | 575 | — | 575 | — | 575 | — | — | — | — |
| 教育 | 575 | — | 575 | — | 575 | — | — | — | — |
| 文化、体育和娱乐业 | 1280 | — | 150 | 1130 | 1280 | — | — | — | — |
| 文化艺术业 | 150 | — | 150 | — | 150 | — | — | — | — |
| 体育 | 1130 | — | — | 1130 | 1130 | — | — | — | — |
| **按机构所属学科分布** | | | | | | | | | |
| 自然科学领域 | 44741 | 9857 | 7156 | 27728 | 32945 | 5233 | 6351 | 212 | — |
| 数学 | 2654 | — | — | 2654 | 2464 | — | 191 | — | — |
| 信息科学与系统科学 | 1494 | — | 461 | 1032 | 943 | 544 | 7 | — | — |
| 化学 | 1418 | — | 356 | 1062 | 1036 | — | 382 | — | — |
| 天文学 | 24 | — | 24 | — | — | — | 24 | — | — |
| 地球科学 | 21530 | 1617 | 5139 | 14774 | 14501 | 3676 | 3353 | — | — |
| 生物学 | 17622 | 8240 | 1175 | 8206 | 14002 | 1013 | 2395 | 212 | — |
| 农业科学领域 | 133341 | 21482 | 27112 | 84747 | 115210 | 3543 | 14486 | — | 101 |
| 农学 | 99628 | 15806 | 20091 | 63731 | 88045 | 2895 | 8640 | — | 49 |
| 林学 | 21462 | 3126 | 4322 | 14014 | 18729 | 83 | 2598 | — | 52 |
| 畜牧、兽医科学 | 9117 | 1501 | 1205 | 6411 | 6041 | 335 | 2742 | — | — |
| 水产学 | 3134 | 1049 | 1493 | 591 | 2396 | 231 | 506 | — | — |
| 医药科学领域 | 33630 | 8983 | 11022 | 13625 | 7028 | 4543 | 22060 | — | — |
| 药学 | 2903 | — | 359 | 2544 | 1960 | — | 943 | — | — |
| 中医学与中药学 | 30727 | 8983 | 10663 | 11081 | 5067 | 4543 | 21117 | — | — |
| 工程与技术科学领域 | 64306 | 5059 | 15246 | 44001 | 39040 | 2003 | 23263 | — | — |
| 工程与技术科学基础学科 | 7767 | 145 | 305 | 7317 | 6890 | 854 | 23 | — | — |
| 信息与系统科学相关工程与技术 | 192 | — | — | 192 | 192 | — | — | — | — |
| 自然科学相关工程与技术 | 10868 | 798 | 2390 | 7680 | 5533 | — | 5335 | — | — |
| 测绘科学技术 | 13010 | 104 | 5433 | 7474 | 4664 | — | 8346 | — | — |
| 材料科学 | 454 | — | 454 | — | 454 | — | — | — | — |
| 动力与电气工程 | 114 | — | — | 114 | 114 | — | — | — | — |
| 核科学技术 | 196 | — | — | 196 | — | — | 196 | — | — |

续表 2-31

| 项目 | R&D日常性支出 | 按活动类型分 | | | 按来源分 | | | | |
|---|---|---|---|---|---|---|---|---|---|
| | | 基础研究 | 应用研究 | 试验发展 | 政府资金 | 企业资金 | 事业单位资金 | 国外资金 | 其他资金 |
| 电子与通信技术 | 817 | — | — | 817 | 817 | — | — | — | — |
| 计算机科学技术 | 1826 | — | 993 | 833 | 1826 | — | — | — | — |
| 化学工程 | 310 | — | — | 310 | 310 | — | — | — | — |
| 产品应用相关工程与技术 | 290 | — | 133 | 157 | 101 | — | 189 | — | — |
| 食品科学技术 | 4668 | 161 | 821 | 3686 | 3875 | 7 | 787 | — | — |
| 土木建筑工程 | 1006 | — | 156 | 850 | 1006 | — | — | — | — |
| 水利工程 | 1438 | 871 | 567 | — | 871 | — | 567 | — | — |
| 交通运输工程 | 1457 | — | — | 1457 | 1380 | 77 | — | — | — |
| 航空、航天科学技术 | 3064 | 2400 | — | 664 | 559 | — | 2505 | — | — |
| 环境科学技术及资源科学技术 | 13032 | 558 | 3832 | 8642 | 6791 | 1065 | 5176 | — | — |
| 安全科学技术 | 2089 | 22 | 22 | 2045 | 2089 | — | — | — | — |
| 管理学 | 1709 | — | 139 | 1570 | 1569 | — | 141 | — | — |
| 人文与社会科学领域 | 27967 | 10029 | 12950 | 4987 | 20970 | — | 6997 | — | — |
| 艺术学 | 150 | — | 150 | — | 150 | — | — | — | — |
| 考古学 | 11836 | 7625 | 2331 | 1880 | 4956 | — | 6881 | — | — |
| 社会学 | 7122 | 2350 | 4772 | — | 7122 | — | — | — | — |
| 图书馆、情报与文献学 | 2332 | 54 | 300 | 1977 | 2216 | — | 116 | — | — |
| 教育学 | 5397 | — | 5397 | — | 5397 | — | — | — | — |
| 体育科学 | 1130 | — | — | 1130 | 1130 | — | — | — | — |
| **按机构从业人员规模分** | | | | | | | | | |
| ≥1000 人 | 34715 | 9454 | 11131 | 14131 | 8886 | 4543 | 21286 | — | — |
| 500~999 人 | 8193 | 27 | 902 | 7264 | 3131 | 83 | 4979 | — | — |
| 300~499 人 | 29319 | 1879 | 9334 | 18106 | 15373 | 3624 | 10322 | — | — |
| 200~299 人 | 47399 | 13961 | 11551 | 21887 | 44256 | 2931 | — | 212 | — |
| 100~199 人 | 71923 | 18128 | 15074 | 38721 | 48473 | 1833 | 21617 | — | — |
| 50~99 人 | 75047 | 9628 | 17812 | 47607 | 63949 | 1163 | 9885 | — | 49 |
| 30~49 人 | 20194 | 1455 | 3953 | 14786 | 16889 | 714 | 2591 | — | — |
| 20~29 人 | 9407 | 692 | 2088 | 6627 | 8496 | 372 | 539 | — | — |
| 10~19 人 | 6076 | 133 | 1467 | 4475 | 4125 | 53 | 1846 | — | 52 |
| 0~9 人 | 1713 | 54 | 176 | 1483 | 1615 | 7 | 91 | — | — |

表 2-31　专利

| 项目 | 专利申请受理数（件） | 发明专利 | 专利授权数（件） | 发明专利 | 国外授权 | 拥有有效发明专利总数（件） | 专利所有权转让及许可数（件） | 专利所有权转让及许可收入（万元） |
|---|---|---|---|---|---|---|---|---|
| 总计 | 937 | 555 | 695 | 386 | 32 | 2304 | 42 | 6171 |
| **按机构所属地域分布** | | | | | | | | |
| 全省 | 937 | 555 | 695 | 386 | 32 | 2304 | 42 | 6171 |
| 长沙市 | 703 | 466 | 546 | 327 | 18 | 2002 | 26 | 6169 |
| 株洲市 | 1 | 1 | 1 | 1 | — | 41 | — | — |
| 湘潭市 | 14 | 9 | 5 | 3 | — | 4 | — | — |
| 衡阳市 | 14 | 10 | 9 | 6 | — | 20 | — | — |
| 邵阳市 | 15 | 6 | 9 | 1 | — | 2 | — | — |
| 岳阳市 | 39 | 5 | 17 | 11 | 6 | 117 | 15 | — |
| 常德市 | 33 | 21 | 24 | 10 | 3 | 28 | — | — |
| 张家界市 | 1 | — | 1 | — | 1 | 3 | — | — |
| 益阳市 | 7 | 1 | — | — | — | — | — | — |
| 郴州市 | 14 | 8 | 11 | 2 | — | 6 | — | — |
| 永州市 | 26 | 11 | 7 | 5 | — | 20 | — | — |
| 怀化市 | 12 | 4 | 7 | 6 | — | 47 | — | — |
| 娄底市 | 54 | 13 | 54 | 13 | 4 | 13 | 1 | 2 |
| 湘西州 | 4 | — | 4 | 1 | — | 1 | — | — |
| **按机构所属隶属关系分布** | | | | | | | | |
| 中央部门属 | 65 | 52 | 88 | 71 | 5 | 545 | 18 | 35 |
| 中国科学院 | 39 | 33 | 37 | 29 | 5 | 138 | 1 | 18 |
| 地方部门属 | 872 | 503 | 607 | 315 | 27 | 1759 | 24 | 6136 |
| 省级部门属 | 571 | 346 | 453 | 256 | 16 | 1447 | 8 | 6134 |
| 地市级部门属 | 260 | 143 | 144 | 54 | 11 | 153 | 2 | 2 |
| **按机构从事的国民经济行业分布** | | | | | | | | |
| 科学研究和技术服务业 | 937 | 555 | 695 | 386 | 32 | 2304 | 42 | 6171 |
| 研究和试验发展 | 651 | 422 | 513 | 311 | 30 | 1925 | 42 | 6171 |
| 专业技术服务业 | 230 | 95 | 178 | 71 | 2 | 299 | — | — |
| 科技推广和应用服务业 | 56 | 38 | 4 | 4 | — | 80 | — | — |

续表 2-31

| 项目 | 专利申请受理数（件） | 发明专利 | 专利授权数（件） | 发明专利 | 国外授权 | 拥有有效发明专利总数（件） | 专利所有权转让及许可数（件） | 专利所有权转让及许可收入（万元） |
|---|---|---|---|---|---|---|---|---|
| **按机构服务的国民经济行业分布** | | | | | | | | |
| 农、林、牧、渔业 | 381 | 220 | 347 | 208 | 27 | 1517 | 26 | 6146 |
| 农业 | 224 | 143 | 204 | 141 | 18 | 1052 | 25 | 6144 |
| 林业 | 46 | 39 | 48 | 33 | 3 | 293 | — | — |
| 畜牧业 | 20 | 5 | 12 | 2 | — | 35 | — | — |
| 渔业 | 11 | 6 | 11 | 5 | — | 13 | — | — |
| 农、林、牧、渔专业及辅助性活动 | 80 | 27 | 72 | 27 | 6 | 124 | 1 | 2 |
| 采矿业 | 7 | 3 | 5 | 1 | — | 28 | — | — |
| 开采专业及辅助性活动 | 3 | 3 | 1 | 1 | — | 13 | — | — |
| 其他采矿业 | 4 | — | 4 | — | — | 15 | — | — |
| 制造业 | 83 | 55 | 39 | 33 | — | 163 | — | — |
| 农副食品加工业 | 9 | 9 | 8 | 8 | — | 53 | — | — |
| 化学原料和化学制品制造业 | 4 | 2 | 2 | — | — | 41 | — | — |
| 医药制造业 | 25 | 4 | 25 | 25 | — | 62 | — | — |
| 专用设备制造业 | 5 | — | 4 | — | — | — | — | — |
| 汽车制造业 | 33 | 33 | — | — | — | — | — | — |
| 计算机、通信和其他电子设备制造业 | 7 | 7 | — | — | — | 7 | — | — |
| 电力、热力、燃气及水生产和供应业 | — | — | — | — | — | 5 | — | — |
| 电力、热力生产和供应业 | — | — | — | — | — | 5 | — | — |
| 信息传输、软件和信息技术服务业 | 35 | 35 | 2 | 2 | — | 2 | — | — |
| 软件和信息技术服务业 | 35 | 35 | 2 | 2 | — | 2 | — | — |
| 科学研究和技术服务业 | 937 | 555 | 695 | 386 | 32 | 2304 | 42 | 6171 |
| 研究和试验发展 | 651 | 422 | 513 | 311 | 30 | 1925 | 42 | 6171 |
| 专业技术服务业 | 230 | 95 | 178 | 71 | 2 | 299 | — | — |
| 科技推广和应用服务业 | 56 | 38 | 4 | 4 | — | 80 | — | — |
| 水利、环境和公共设施管理业 | 21 | 11 | 28 | 5 | — | 21 | — | — |

续表 2-31

| 项目 | 专利申请受理数（件） | 发明专利 | 专利授权数（件） | 发明专利 | 国外授权 | 拥有有效发明专利总数(件) | 专利所有权转让及许可数（件） | 专利所有权转让及许可收入（万元） |
|---|---|---|---|---|---|---|---|---|
| 水利管理业 | 6 | 6 | 13 | 1 | — | 4 | — | — |
| 生态保护和环境治理业 | 15 | 5 | 15 | 4 | — | 17 | — | — |
| **按机构所属学科分布** | | | | | | | | |
| 自然科学领域 | 142 | 111 | 81 | 49 | 6 | 266 | 1 | 18 |
| 数学 | 35 | 35 | 2 | 2 | — | 2 | | |
| 信息科学与系统科学 | 1 | — | 2 | 1 | — | 8 | | |
| 化学 | 9 | 3 | 4 | — | — | 16 | | |
| 地球科学 | 49 | 33 | 26 | 11 | — | 59 | | |
| 生物学 | 48 | 40 | 47 | 35 | 6 | 181 | 1 | 18 |
| 农业科学领域 | 405 | 225 | 373 | 226 | 23 | 1509 | 27 | 6154 |
| 农学 | 316 | 171 | 295 | 181 | 20 | 1118 | 27 | 6154 |
| 林学 | 46 | 39 | 48 | 33 | 3 | 295 | — | — |
| 畜牧、兽医科学 | 32 | 9 | 19 | 7 | — | 83 | — | — |
| 水产学 | 11 | 6 | 11 | 5 | — | 13 | — | — |
| 医药科学领域 | 70 | 21 | 49 | 37 | 1 | 115 | | |
| 药学 | 25 | 4 | 25 | 25 | — | 62 | | |
| 中医学与中药学 | 45 | 17 | 24 | 12 | 1 | 53 | | |
| 工程与技术科学领域 | 314 | 192 | 188 | 70 | 2 | 398 | 14 | |
| 工程与技术科学基础学科 | 18 | 12 | 5 | 3 | — | 7 | | |
| 自然科学相关工程与技术 | 42 | 18 | 34 | 19 | 2 | 59 | — | — |
| 测绘科学技术 | 25 | 21 | 15 | 10 | — | 34 | — | — |
| 材料科学 | 3 | 3 | 2 | 2 | — | 5 | | |
| 冶金工程技术 | — | — | | | | 10 | — | — |
| 动力与电气工程 | — | — | | | | 5 | | |
| 电子与通信技术 | 13 | 7 | — | — | — | 7 | | |
| 计算机科学技术 | 63 | 63 | 11 | 11 | — | 11 | | |
| 化学工程 | — | — | | | | 37 | | |

续表 2-31

| 项目 | 专利申请受理数（件） | 发明专利 | 专利授权数（件） | 发明专利 | 国外授权 | 拥有有效发明专利总数(件) | 专利所有权转让及许可数（件） | 专利所有权转让及许可收入（万元） |
|---|---|---|---|---|---|---|---|---|
| 产品应用相关工程与技术 | 39 | 2 | 51 | 1 | — | 6 | — | — |
| 食品科学技术 | 17 | 16 | 13 | 11 | — | 64 | — | — |
| 水利工程 | 6 | 6 | 13 | 1 | — | 4 | — | — |
| 交通运输工程 | 33 | 33 | — | — | — | — | — | — |
| 航空、航天科学技术 | 6 | — | 4 | — | — | 67 | 14 | — |
| 环境科学技术及资源科学技术 | 30 | 6 | 22 | 6 | — | 54 | — | — |
| 安全科学技术 | 17 | 5 | 16 | 4 | — | 16 | — | — |
| 管理学 | 2 | — | 2 | 2 | — | 12 | — | — |
| 人文与社会科学领域 | 6 | 6 | 4 | 4 | — | 16 | — | — |
| 教育学 | 6 | 6 | 4 | 4 | — | 16 | — | — |
| **按机构从业人员规模分** | | | | | | | | |
| ≥1000 人 | 55 | 26 | 28 | 14 | 1 | 62 | — | — |
| 500~999 人 | 77 | 13 | 76 | 7 | — | 62 | — | — |
| 300~499 人 | 80 | 46 | 56 | 30 | 2 | 106 | — | — |
| 200~299 人 | 100 | 83 | 113 | 80 | 10 | 542 | 3 | 5956 |
| 100~199 人 | 218 | 122 | 188 | 128 | 9 | 784 | 18 | 18 |
| 50~99 人 | 315 | 219 | 185 | 95 | 9 | 519 | 19 | 172 |
| 30~49 人 | 38 | 19 | 26 | 19 | — | 145 | 2 | 26 |
| 20~29 人 | 28 | 16 | 15 | 9 | — | 46 | — | — |
| 10~19 人 | 16 | 4 | 5 | 2 | — | 13 | — | — |
| 0~9 人 | 10 | 7 | 3 | 2 | 1 | 25 | — | — |

## 表 2-32　论文、著作及其他科技产出

| 项目 | 科技论文（篇） | 国外发表 | 科技著作（种） | 形成国家或行业标准数(项) | 集成电路布图设计登记数(件) | 植物新品种权授予数(项) | 软件著作权数(件) | 新药证书数(件) |
|---|---|---|---|---|---|---|---|---|
| **总计** | 3482 | 733 | 117 | 108 | — | 65 | 297 | — |
| **按机构所属地域分布** | | | | | | | | |
| 全省 | 3482 | 733 | 117 | 108 | — | 65 | 297 | — |
| 长沙市 | 2891 | 631 | 105 | 71 | — | 39 | 221 | — |
| 株洲市 | 2 | — | 1 | 4 | — | — | — | — |
| 湘潭市 | 34 | 2 | 1 | 2 | — | — | 6 | — |
| 衡阳市 | 71 | 2 | 4 | — | — | 2 | 3 | — |
| 邵阳市 | 26 | 1 | 1 | — | — | 3 | — | — |
| 岳阳市 | 40 | 4 | 2 | 6 | — | 1 | — | — |
| 常德市 | 71 | 13 | — | 6 | — | 12 | 19 | — |
| 张家界市 | 5 | — | — | — | — | — | — | — |
| 益阳市 | 8 | 1 | — | — | — | 1 | — | — |
| 郴州市 | 56 | — | — | 10 | — | 3 | 5 | — |
| 永州市 | 63 | 6 | — | 6 | — | 1 | 6 | — |
| 怀化市 | 102 | 24 | — | 2 | — | 2 | — | — |
| 娄底市 | 97 | 49 | 2 | — | — | — | 37 | — |
| 湘西州 | 16 | — | 1 | 1 | — | 1 | — | — |
| **按机构所属隶属关系分布** | | | | | | | | |
| 中央部门属 | 343 | 235 | 6 | 1 | — | 4 | 41 | — |
| 中国科学院 | 191 | 139 | 1 | 1 | — | 4 | 12 | — |
| 地方部门属 | 3139 | 498 | 111 | 107 | — | 61 | 256 | — |
| 省级部门属 | 2512 | 396 | 96 | 74 | — | 39 | 174 | — |
| 地市级部门属 | 508 | 77 | 14 | 24 | — | 22 | 76 | — |
| **按机构从事的国民经济行业分布** | | | | | | | | |
| 科学研究和技术服务业 | 3482 | 733 | 117 | 108 | — | 65 | 297 | — |
| 研究和试验发展 | 2438 | 692 | 87 | 51 | — | 65 | 172 | — |
| 专业技术服务业 | 925 | 41 | 28 | 43 | — | — | 107 | — |
| 科技推广和应用服务业 | 119 | — | 2 | 14 | — | — | 18 | — |
| **按机构服务的国民经济行业分布** | | | | | | | | |
| 农、林、牧、渔业 | 1179 | 473 | 22 | 40 | — | 54 | 98 | — |

续表 2-32

| 项目 | 科技论文（篇） | 国外发表 | 科技著作（种） | 形成国家或行业标准数（项） | 集成电路布图设计登记数（件） | 植物新品种权授予数（项） | 软件著作权数（件） | 新药证书数（件） |
|---|---|---|---|---|---|---|---|---|
| 农业 | 725 | 346 | 13 | 10 | — | 39 | 46 | — |
| 林业 | 177 | 45 | 2 | 21 | — | 10 | 3 | — |
| 畜牧业 | 51 | 13 | 2 | — | — | — | 3 | — |
| 渔业 | 38 | 13 | 2 | 6 | — | — | — | — |
| 农、林、牧、渔专业及辅助性活动 | 188 | 56 | 3 | 3 | — | 5 | 46 | — |
| 采矿业 | 35 | 1 | — | — | — | — | 1 | — |
| 开采专业及辅助性活动 | 22 | 1 | — | — | — | — | 1 | — |
| 其他采矿业 | 13 | — | — | — | — | — | — | — |
| 制造业 | 127 | 19 | 7 | 4 | — | — | 12 | — |
| 农副食品加工业 | 47 | 16 | 3 | — | — | — | — | — |
| 食品制造业 | 2 | — | — | — | — | — | — | — |
| 化学原料和化学制品制造业 | 2 | — | — | 1 | — | — | — | — |
| 医药制造业 | 66 | — | 3 | 3 | — | — | — | — |
| 专用设备制造业 | 2 | — | 1 | — | — | — | — | — |
| 汽车制造业 | 5 | — | — | — | — | — | 12 | — |
| 计算机、通信和其他电子设备制造业 | 3 | 3 | — | — | — | — | — | — |
| 建筑业 | 6 | — | — | — | — | — | — | — |
| 土木工程建筑业 | 6 | — | — | — | — | — | — | — |
| 信息传输、软件和信息技术服务业 | 26 | 16 | 1 | 2 | — | — | 8 | — |
| 软件和信息技术服务业 | 26 | 16 | 1 | 2 | — | — | 8 | — |
| 科学研究和技术服务业 | 3482 | 733 | 117 | 108 | — | 65 | 297 | — |
| 研究和试验发展 | 2438 | 692 | 87 | 51 | — | 65 | 172 | — |
| 专业技术服务业 | 925 | 41 | 28 | 43 | — | — | 107 | — |
| 科技推广和应用服务业 | 119 | — | 2 | 14 | — | — | 18 | — |
| 水利、环境和公共设施管理业 | 78 | 7 | 9 | 2 | — | — | 13 | — |
| 水利管理业 | 41 | 1 | 7 | 2 | — | — | 10 | — |
| 生态保护和环境治理业 | 37 | 6 | 2 | — | — | — | 3 | — |
| 教育 | 5 | — | — | — | — | — | — | — |

续表 2-32

| 项目 | 科技论文（篇） | 国外发表 | 科技著作（种） | 形成国家或行业标准数（项） | 集成电路布图设计登记数（件） | 植物新品种权授予数（项） | 软件著作权数（件） | 新药证书数（件） |
|---|---|---|---|---|---|---|---|---|
| 教育 | 5 | — | — | — | — | — | — | — |
| 文化、体育和娱乐业 | 4 | 1 | — | — | — | — | — | — |
| 文化艺术业 | 2 | — | — | — | — | — | — | — |
| 体育 | 2 | 1 | — | — | — | — | — | — |
| **按机构所属学科分布** | | | | | | | | |
| 自然科学领域 | 746 | 199 | 15 | 21 | — | 4 | 50 | — |
| 数学 | 26 | 16 | 1 | 2 | — | — | 8 | — |
| 信息科学与系统科学 | 46 | 3 | — | — | — | — | 2 | — |
| 化学 | 15 | 4 | — | 10 | — | — | — | — |
| 天文学 | 8 | — | — | — | — | — | — | — |
| 地球科学 | 441 | 30 | 12 | 4 | — | — | 26 | — |
| 生物学 | 210 | 146 | 2 | 5 | — | 4 | 14 | — |
| 农业科学领域 | 1237 | 388 | 27 | 50 | — | 61 | 126 | — |
| 农学 | 853 | 312 | 18 | 19 | — | 51 | 95 | — |
| 林学 | 238 | 50 | 4 | 22 | — | 10 | 28 | — |
| 畜牧、兽医科学 | 108 | 13 | 3 | 3 | — | — | 3 | — |
| 水产学 | 38 | 13 | 2 | 6 | — | — | — | — |
| 医学科学领域 | | | | | | | | |
| 药学 | 73 | — | 3 | 3 | — | — | — | — |
| 中医学与中药学 | 386 | 60 | 16 | 3 | — | — | 3 | — |
| 工程与技术科学领域 | 620 | 76 | 24 | 30 | — | — | 98 | — |
| 工程与技术科学基础学科 | 13 | — | — | 2 | — | — | 6 | — |
| 信息与系统科学相关工程与技术 | 1 | — | — | 1 | — | — | — | — |
| 自然科学相关工程与技术 | 75 | 2 | 1 | 6 | — | — | 12 | — |
| 测绘科学技术 | 170 | 7 | 4 | — | — | — | 34 | — |
| 材料科学 | 1 | — | — | 2 | — | — | — | — |
| 核科学技术 | 3 | — | — | — | — | — | — | — |
| 电子与通信技术 | 9 | 5 | — | — | — | — | — | — |
| 计算机科学技术 | 42 | 10 | — | — | — | — | 5 | — |

续表 2-32

| 项目 | 科技论文（篇） | 国外发表 | 科技著作（种） | 形成国家或行业标准数（项） | 集成电路布图设计登记数（件） | 植物新品种权授予数（项） | 软件著作权数（件） | 新药证书数（件） |
|---|---|---|---|---|---|---|---|---|
| 化学工程 | — | — | — | 1 | — | — | — | — |
| 产品应用相关工程与技术 | 46 | 2 | 2 | 5 | — | — | — | — |
| 食品科学技术 | 59 | 17 | 3 | 1 | — | — | — | — |
| 土木建筑工程 | 6 | — | — | — | — | — | — | — |
| 水利工程 | 41 | 1 | 7 | 2 | — | — | 10 | — |
| 交通运输工程 | 5 | — | — | — | — | — | 12 | — |
| 航空、航天科学技术 | 2 | — | — | — | — | — | — | — |
| 环境科学技术及资源科学技术 | 114 | 32 | 7 | 3 | — | — | 18 | — |
| 安全科学技术 | 31 | — | — | 7 | — | — | 1 | — |
| 管理学 | 2 | — | — | — | — | — | — | — |
| 人文与社会科学领域 | 420 | 10 | 32 | 1 | — | — | 20 | — |
| 艺术学 | 2 | — | — | — | — | — | — | — |
| 考古学 | 101 | 3 | 6 | 1 | — | — | — | — |
| 经济学 | 3 | — | — | — | — | — | 5 | — |
| 社会学 | 80 | 3 | 5 | — | — | — | — | — |
| 图书馆、情报与文献学 | 30 | 3 | 8 | — | — | — | 15 | — |
| 教育学 | 202 | — | 13 | — | — | — | — | — |
| 体育科学 | 2 | 1 | — | — | — | — | — | — |
| **按机构从业人员规模分** | | | | | | | | |
| ≥1000 人 | 532 | 65 | 22 | 6 | — | — | 14 | — |
| 500~999 人 | 251 | 7 | 2 | 14 | — | — | 11 | — |
| 300~499 人 | 344 | 16 | 14 | 12 | — | — | 48 | — |
| 200~299 人 | 505 | 221 | 12 | 22 | — | 18 | 26 | — |
| 100~199 人 | 673 | 182 | 34 | 13 | — | 11 | 83 | — |
| 50~99 人 | 853 | 178 | 25 | 11 | — | 36 | 96 | — |
| 30~49 人 | 166 | 48 | 1 | 18 | — | — | 12 | — |
| 20~29 人 | 111 | 7 | 4 | 5 | — | — | 7 | — |
| 10~19 人 | 40 | 6 | 3 | 7 | — | — | — | — |
| 0~9 人 | 7 | 3 | — | — | — | — | — | — |

### 表2-33　对外科技服务

计量单位：万元

| 项目 | 合计 | 科技成果的示范性推广工作 | 为用户提供可行性报告、技术方案、建议及进行技术论证等技术咨询工作 | 地形、地质和水文考察、天文、气象和地震的日常观察 | 为社会和公众提供的检验、检疫、测试、标准化、计量、计算、质量控制和专利服务 | 科技信息文献服务 | 提供孵化、平台搭建等科技服务活动 | 科学普及 | 其他科技服务活动 |
|---|---|---|---|---|---|---|---|---|---|
| **总计** | 6953 | 862 | 1328 | 1069 | 1524 | 552 | 117 | 1025 | 476 |
| **按机构所属地域分布** | | | | | | | | | |
| 　全省 | 6953 | 862 | 1328 | 1069 | 1524 | 552 | 117 | 1025 | 476 |
| 　　长沙市 | 5900 | 455 | 1234 | 1033 | 1421 | 525 | 100 | 823 | 309 |
| 　　株洲市 | 39 | 21 | 2 | — | 6 | — | 1 | 5 | 4 |
| 　　湘潭市 | 26 | 6 | — | 6 | 8 | 1 | — | 4 | 1 |
| 　　衡阳市 | 144 | 89 | 24 | — | 3 | 3 | 2 | 14 | 9 |
| 　　邵阳市 | 57 | 29 | 1 | — | 7 | 5 | 2 | 11 | 2 |
| 　　岳阳市 | 77 | 7 | 1 | 3 | 1 | — | 1 | 45 | 19 |
| 　　常德市 | 146 | 56 | 11 | — | — | 3 | — | 23 | 53 |
| 　　张家界市 | 9 | 3 | — | 1 | — | — | 2 | — | 1 |
| 　　益阳市 | 50 | 15 | 2 | — | — | 2 | 2 | 13 | 16 |
| 　　郴州市 | 187 | 40 | 21 | 22 | 58 | 5 | 4 | 25 | 12 |
| 　　永州市 | 183 | 78 | 17 | 4 | 18 | 3 | 1 | 36 | 26 |
| 　　怀化市 | 54 | 29 | 3 | — | — | — | — | 8 | 14 |
| 　　娄底市 | 60 | 24 | 7 | — | 2 | 5 | 2 | 11 | 9 |
| 　　湘西州 | 21 | 10 | 5 | — | — | — | — | 5 | 1 |
| **按机构所属隶属关系分布** | | | | | | | | | |
| 　中央部门属 | 381 | 101 | 153 | 7 | 72 | 6 | 6 | 28 | 8 |
| 　　中国科学院 | 27 | 5 | 3 | 5 | 8 | — | — | 2 | 4 |
| 　地方部门属 | 6572 | 761 | 1175 | 1062 | 1452 | 546 | 111 | 997 | 468 |
| 　　省级部门属 | 5195 | 380 | 1002 | 887 | 1309 | 488 | 86 | 748 | 295 |
| 　　地市级部门属 | 891 | 196 | 145 | 171 | 120 | 31 | 21 | 109 | 98 |
| **按机构从事的国民经济行业分布** | | | | | | | | | |
| 　科学研究和技术服务业 | 6953 | 862 | 1328 | 1069 | 1524 | 552 | 117 | 1025 | 476 |

续表 2-33

| 项目 | 合计 | 科技成果的示范性推广工作 | 为用户提供可行性报告、技术方案、建议及进行技术论证等技术咨询工作 | 地形、地质和水文考察、天文、气象和地震的日常观察 | 为社会和公众提供的检验、检疫、测试、标准化、计量、计算、质量控制和专利服务 | 科技信息文献服务 | 提供孵化、平台搭建等科技服务活动 | 科学普及 | 其他科技服务活动 |
|---|---|---|---|---|---|---|---|---|---|
| 研究和试验发展 | 2659 | 440 | 358 | 183 | 229 | 457 | 56 | 717 | 219 |
| 专业技术服务业 | 3692 | 190 | 935 | 883 | 1263 | 67 | 49 | 167 | 138 |
| 科技推广和应用服务业 | 602 | 232 | 35 | 3 | 32 | 28 | 12 | 141 | 119 |
| **按机构服务的国民经济行业分布** | | | | | | | | | |
| 农、林、牧、渔业 | 1062 | 406 | 146 | 13 | 77 | 33 | 30 | 180 | 177 |
| 农业 | 627 | 293 | 67 | 12 | 56 | 21 | 20 | 102 | 56 |
| 林业 | 235 | 57 | 58 | 1 | 13 | 4 | 2 | 46 | 54 |
| 畜牧业 | 43 | 13 | 6 | — | — | 7 | 5 | 10 | 2 |
| 渔业 | 26 | 5 | 5 | — | 3 | — | 1 | 2 | 10 |
| 农、林、牧、渔专业及辅助性活动 | 131 | 38 | 10 | — | 5 | 1 | 2 | 20 | 55 |
| 采矿业 | 85 | — | 56 | 3 | 17 | — | 2 | 4 | 3 |
| 开采专业及辅助性活动 | 61 | — | 52 | 3 | 4 | — | — | 2 | — |
| 其他采矿业 | 24 | — | 4 | — | 13 | — | 2 | 2 | 3 |
| 制造业 | 167 | 6 | 32 | — | 104 | 1 | 10 | 6 | 8 |
| 农副食品加工业 | 39 | 2 | 11 | — | 12 | — | 5 | 2 | 7 |
| 食品制造业 | 3 | — | 1 | — | 1 | — | 1 | — | — |
| 化学原料和化学制品制造业 | 13 | 3 | 1 | — | 6 | — | 1 | 1 | 1 |
| 医药制造业 | 80 | — | 2 | — | 74 | 1 | 2 | 1 | — |
| 汽车制造业 | 13 | — | 3 | — | 10 | — | — | — | — |
| 计算机、通信和其他电子设备制造业 | 19 | 1 | 14 | — | 1 | — | 1 | 2 | — |
| 信息传输、软件和信息技术服务业 | 77 | 5 | 20 | — | 24 | 9 | 8 | — | 11 |
| 软件和信息技术服务业 | 77 | 5 | 20 | — | 24 | 9 | 8 | — | 11 |
| 科学研究和技术服务业 | 6953 | 862 | 1328 | 1069 | 1524 | 552 | 117 | 1025 | 476 |
| 研究和试验发展 | 2659 | 440 | 358 | 183 | 229 | 457 | 56 | 717 | 219 |

续表 2-33

| 项目 | 合计 | 科技成果的示范性推广工作 | 为用户提供可行性报告、技术方案、建议及进行技术论证等技术咨询工作 | 地形、地质和水文考察、天文、气象和地震的日常观察 | 为社会和公众提供的检验、检疫、测试、标准化、计量、计算、质量控制和专利服务 | 科技信息文献服务 | 提供孵化、平台搭建等科技服务活动 | 科学普及 | 其他科技服务活动 |
|---|---|---|---|---|---|---|---|---|---|
| 专业技术服务业 | 3692 | 190 | 935 | 883 | 1263 | 67 | 49 | 167 | 138 |
| 科技推广和应用服务业 | 602 | 232 | 35 | 3 | 32 | 28 | 12 | 141 | 119 |
| 水利、环境和公共设施管理业 | 82 | 5 | 51 | 1 | 3 | 1 | — | 1 | 20 |
| 水利管理业 | 3 | — | 1 | 1 | 1 | | | | |
| 生态保护和环境治理业 | 79 | 5 | 50 | — | 2 | 1 | — | 1 | 20 |
| 按机构所属学科分布 | | | | | | | | | |
| 自然科学领域 | 2460 | 56 | 700 | 784 | 621 | 43 | 32 | 118 | 106 |
| 数学 | 77 | 5 | 20 | — | 24 | 9 | 8 | — | 11 |
| 信息科学与系统科学 | 32 | 8 | 3 | — | 1 | 4 | 5 | 1 | 10 |
| 化学 | 92 | — | 2 | — | 67 | 1 | — | 21 | 1 |
| 地球科学 | 2206 | 27 | 670 | 780 | 507 | 29 | 19 | 94 | 80 |
| 生物学 | 53 | 16 | 5 | 4 | 22 | | | 2 | 4 |
| 农业科学领域 | 1622 | 601 | 311 | 14 | 92 | 57 | 37 | 275 | 235 |
| 农学 | 1036 | 462 | 97 | 11 | 61 | 44 | 29 | 187 | 145 |
| 林学 | 422 | 99 | 192 | 1 | 18 | 4 | 2 | 51 | 55 |
| 畜牧、兽医科学 | 133 | 35 | 14 | 2 | 10 | 9 | 5 | 35 | 23 |
| 水产学 | 31 | 5 | 8 | — | 3 | — | 1 | 2 | 12 |
| 医药科学领域 | 1023 | 6 | 2 | — | 106 | 404 | 2 | 503 | — |
| 药学 | 103 | 6 | 2 | — | 86 | 4 | 2 | 3 | — |
| 中医学与中药学 | 920 | — | — | — | 20 | 400 | — | 500 | — |
| 工程与技术科学领域 | 1707 | 153 | 288 | 271 | 701 | 36 | 40 | 99 | 119 |
| 工程与技术科学基础学科 | 7 | — | — | — | 7 | — | — | — | — |
| 信息与系统科学相关工程与技术 | 4 | | | | | | | | 4 |
| 自然科学相关工程与技术 | 124 | 65 | 14 | — | 29 | 2 | 1 | 12 | 1 |
| 测绘科学技术 | 401 | 21 | 118 | 165 | 5 | 18 | 2 | 58 | 14 |
| 材料科学 | 6 | — | — | — | 6 | — | — | — | — |

续表 2-33

| 项目 | 合计 | 科技成果的示范性推广工作 | 为用户提供可行性报告、技术方案、建议及进行技术论证等技术咨询工作 | 地形、地质和水文考察、天文、气象和地震的日常观察 | 为社会和公众提供的检验、检疫、测试、标准化、计量、计算、质量控制和专利服务 | 科技信息文献服务 | 提供孵化、平台搭建等科技服务活动 | 科学普及 | 其他科技服务活动 |
|---|---|---|---|---|---|---|---|---|---|
| 核科学技术 | 25 | — | — | — | 17 | — | — | 8 | — |
| 电子与通信技术 | 56 | 1 | 7 | — | 42 | — | 1 | 2 | 3 |
| 计算机科学技术 | 4 | 4 | — | — | — | — | — | — | — |
| 化学工程 | 13 | 3 | 1 | — | 6 | — | 1 | 1 | 1 |
| 产品应用相关工程与技术 | 556 | — | — | — | 556 | — | — | — | — |
| 食品科学技术 | 54 | 4 | 17 | — | 17 | — | 6 | 3 | 7 |
| 水利工程 | 3 | — | 1 | 1 | 1 | — | — | — | — |
| 交通运输工程 | 13 | — | 3 | — | 10 | — | — | — | — |
| 环境科学技术及资源科学技术 | 387 | 52 | 110 | 105 | 5 | 15 | 25 | 12 | 63 |
| 安全科学技术 | 1 | 1 | — | — | — | — | — | — | — |
| 管理学 | 53 | 2 | 17 | — | — | 1 | 4 | 3 | 26 |
| 人文与社会科学领域 | 141 | 46 | 27 | — | 4 | 12 | 6 | 30 | 16 |
| 考古学 | 20 | 1 | 8 | — | — | — | — | 5 | 6 |
| 图书馆、情报与文献学 | 94 | 23 | 16 | — | 2 | 12 | 6 | 25 | 10 |
| 教育学 | 27 | 22 | 3 | — | 2 | — | — | — | — |
| **按机构从业人员规模分** | | | | | | | | | |
| ≥1000 人 | 2217 | 6 | 459 | 359 | 469 | 400 | 2 | 516 | 6 |
| 500~999 人 | 1298 | 7 | 161 | 380 | 585 | 27 | 12 | 57 | 69 |
| 300~499 人 | 959 | 174 | 229 | 302 | 29 | 34 | 31 | 84 | 76 |
| 200~299 人 | 284 | 79 | 100 | 6 | 28 | 8 | 4 | 9 | 50 |
| 100~199 人 | 922 | 230 | 222 | 6 | 229 | 34 | 40 | 106 | 55 |
| 50~99 人 | 695 | 180 | 94 | 13 | 136 | 29 | 13 | 150 | 80 |
| 30~49 人 | 231 | 72 | 16 | — | 25 | 3 | 3 | 44 | 68 |
| 20~29 人 | 101 | 50 | 9 | — | 14 | 4 | — | 16 | 8 |
| 10~19 人 | 137 | 40 | 18 | 2 | 6 | 10 | 9 | 26 | 26 |
| 0~9 人 | 109 | 24 | 20 | 1 | 3 | 3 | 3 | 17 | 38 |

# 第三部分　高等学校

## 表 3-1　高等学校基本情况（2019—2023 年）

| 指标名称 | 计量单位 | 2019 年 | 2020 年 | 2021 年 | 2022 年 | 2023 年 |
|---|---|---|---|---|---|---|
| 各级学校单位数 | | | | | | |
| 　普通高等学校 | 所 | 110 | 114 | 114 | 116 | 123 |
| 　中等职业教育学校 | 所 | 487 | 494 | 496 | 495 | 497 |
| 专任教师数 | | | | | | |
| 　普通高等学校 | 万人 | 7.65 | 7.96 | 7.92 | 8.44 | 8.98 |
| 　普通中等学校 | 万人 | 3.10 | 3.24 | 3.75 | 3.96 | 4.04 |
| 在校学生数 | | | | | | |
| 　普通本专科 | 万人 | 140.71 | 151.03 | 159.61 | 168.51 | 177.80 |
| 　普通中等学校 | 万人 | 67.00 | 68.30 | 74.66 | 74.63 | 70.37 |
| 各级学校招生数 | | | | | | |
| 　普通高等学校 | 万人 | 45.61 | 48.92 | 49.41 | 55.23 | 57.11 |
| 　中等职业教育学校 | 万人 | 25.35 | 24.82 | 28.25 | 26.07 | 23.04 |
| 各级学校毕业生数 | | | | | | |
| 　普通高等学校 | 万人 | 36.19 | 37.60 | 39.42 | 44.92 | 46.28 |
| 　中等职业教育学校 | 万人 | 20.99 | 20.79 | 20.62 | 22.68 | 22.69 |

## 表 3-2　高等学校 R&D 人员情况（2023 年）

| 地区 | 有 R&D 活动的单位数（个） | R&D 人员（人） | 全时人员 | R&D 人员折合全时当量（人年） |
|---|---|---|---|---|
| 总计 | 236 | 76767 | 30309 | 35015 |
| 按地区分组 | | | | |
| 　长沙市 | 102 | 42720 | 19279 | 21030 |
| 　株洲市 | 16 | 3046 | 713 | 1000 |
| 　湘潭市 | 24 | 10585 | 3968 | 4827 |
| 　衡阳市 | 21 | 6789 | 3057 | 3321 |
| 　邵阳市 | 7 | 1153 | 391 | 443 |
| 　岳阳市 | 8 | 1193 | 588 | 604 |
| 　常德市 | 13 | 3395 | 520 | 1046 |
| 　张家界市 | 4 | 151 | 52 | 62 |
| 　益阳市 | 9 | 1515 | 346 | 496 |
| 　郴州市 | 6 | 1480 | 304 | 497 |
| 　永州市 | 7 | 1213 | 229 | 373 |
| 　怀化市 | 8 | 1557 | 404 | 613 |
| 　娄底市 | 7 | 906 | 152 | 295 |
| 　湘西州 | 4 | 1064 | 306 | 408 |

### 表 3-3 高等学校按活动类型分 R&D 经费内部支出情况(2023 年)

计量单位:万元

| 地区 | R&D 经费内部支出 | 基础研究 | 应用研究 | 试验发展 |
|---|---|---|---|---|
| 总计 | 1563137.6 | 697858.2 | 752448.0 | 112831.3 |
| 按地区分组 | | | | |
| 长沙市 | 1005168.2 | 443796.0 | 500325.6 | 61046.7 |
| 株洲市 | 31232.1 | 18218.3 | 10861.8 | 2152.0 |
| 湘潭市 | 170175.5 | 85832.4 | 59202.6 | 25140.5 |
| 衡阳市 | 193494.3 | 103470.9 | 84660.8 | 5362.6 |
| 邵阳市 | 10005.5 | 3586.6 | 6126.7 | 292.2 |
| 岳阳市 | 30830.6 | 4911.1 | 19411.6 | 6508.0 |
| 常德市 | 37105.7 | 11895.0 | 18808.3 | 6402.4 |
| 张家界市 | 302.7 | 51.6 | 248.8 | 2.3 |
| 益阳市 | 31738.8 | 5223.8 | 22302.9 | 4212.0 |
| 郴州市 | 7806.9 | 766.6 | 7002.5 | 37.7 |
| 永州市 | 8859.1 | 1131.1 | 7626.7 | 101.3 |
| 怀化市 | 20234.3 | 8484.9 | 10986.2 | 763.2 |
| 娄底市 | 4798.1 | 3193.9 | 1311.1 | 293.1 |
| 湘西州 | 11385.9 | 7296.1 | 3572.5 | 517.4 |

## 表 3-4  高等学校按支出用途分 R&D 经费内部支出情况（2023 年）

计量单位：万元

| 地区 | R&D 经费内部支出 | 日常性支出 | 人员劳务费 | 资产性支出 | 仪器和设备 |
|---|---|---|---|---|---|
| 总计 | 1563137.6 | 1170440.9 | 596023.7 | 392696.7 | 237546.5 |
| **按地区分组** | | | | | |
| 长沙市 | 1005168.2 | 757433.2 | 398948.8 | 247735.0 | 139101.0 |
| 株洲市 | 31232.1 | 28158.0 | 14312.9 | 3074.1 | 2750.5 |
| 湘潭市 | 170175.5 | 115475.3 | 53719.7 | 54700.2 | 34262.2 |
| 衡阳市 | 193494.3 | 143342.1 | 77927.5 | 50152.2 | 37761.3 |
| 邵阳市 | 10005.5 | 7748.4 | 2282.5 | 2257.1 | 2257.0 |
| 岳阳市 | 30830.6 | 24988.0 | 6751.1 | 5842.7 | 1631.9 |
| 常德市 | 37105.7 | 28301.6 | 15081.9 | 8804.1 | 7991.2 |
| 张家界市 | 302.7 | 276.8 | 148.4 | 25.8 | 25.8 |
| 益阳市 | 31738.8 | 25482.2 | 6539.2 | 6256.6 | 3789.8 |
| 郴州市 | 7806.9 | 6926.8 | 3765.6 | 880.0 | 788.8 |
| 永州市 | 8859.1 | 8535.9 | 4802.1 | 323.2 | 323.2 |
| 怀化市 | 20234.3 | 9629.7 | 5616.4 | 10604.5 | 6012.6 |
| 娄底市 | 4798.1 | 4688.8 | 1993.0 | 109.3 | 109.2 |
| 湘西州 | 11385.9 | 9454.1 | 4134.6 | 1931.8 | 741.9 |

### 表 3-5 高等学校按经费来源分 R&D 经费内部支出情况（2023 年）

计量单位：万元

| 地区 | R&D 经费<br>内部支出 | 政府资金 | 企业资金 | 境外资金 | 其他资金 |
|---|---|---|---|---|---|
| 总计 | 1563137.6 | 935127.8 | 510295.7 | 570.8 | 117143.3 |
| 按地区分组 | | | | | |
| 长沙市 | 1005168.2 | 641995.7 | 295883.4 | 564.4 | 66724.7 |
| 株洲市 | 31232.1 | 17867.5 | 10850.9 | — | 2513.7 |
| 湘潭市 | 170175.5 | 97851.2 | 57124.7 | 6.4 | 15193.3 |
| 衡阳市 | 193494.3 | 118180.7 | 59752.5 | — | 15561.2 |
| 邵阳市 | 10005.5 | 4743.0 | 5112.2 | — | 150.4 |
| 岳阳市 | 30830.6 | 6458.7 | 23366.9 | — | 1005.0 |
| 常德市 | 37105.7 | 11882.3 | 13101.1 | — | 12122.3 |
| 张家界市 | 302.7 | 184.2 | 8.7 | — | 109.8 |
| 益阳市 | 31738.8 | 7605.9 | 23957.1 | — | 175.8 |
| 郴州市 | 7806.9 | 1979.7 | 5801.1 | — | 26.1 |
| 永州市 | 8859.1 | 3159.2 | 5224.4 | — | 475.5 |
| 怀化市 | 20234.3 | 12561.0 | 5940.6 | — | 1732.6 |
| 娄底市 | 4798.1 | 1606.2 | 2805.1 | — | 386.8 |
| 湘西州 | 11385.9 | 9052.8 | 1367.0 | — | 966.1 |

## 表 3-6　高等学校 R&D 经费外部支出情况（2023 年）

计量单位：万元

| 地区 | R&D 经费<br>外部支出 | 对境内研究<br>机构支出 | 对境内高等<br>学校支出 | 对境内<br>企业支出 | 对境外<br>支出 |
|---|---|---|---|---|---|
| 总计 | 69239 | 14140 | 24423.6 | 25258.0 | 3343.3 |
| **按地区分组** | | | | | |
| 长沙市 | 58978.9 | 10775.1 | 24009.6 | 18832.5 | 3343.2 |
| 株洲市 | 341.6 | 7.0 | 90.7 | 239.8 | — |
| 湘潭市 | 5069.0 | 3358.2 | 213.9 | 1496.7 | 0.1 |
| 衡阳市 | 79.0 | — | 25.2 | 52.5 | — |
| 邵阳市 | 12.0 | — | — | — | — |
| 岳阳市 | 41.2 | — | 0.9 | 21.0 | — |
| 常德市 | 23.1 | — | 23.1 | — | — |
| 张家界市 | — | — | — | — | — |
| 益阳市 | — | — | — | — | — |
| 郴州市 | 4602.1 | — | — | 4602.1 | — |
| 永州市 | 18.3 | — | 15.7 | — | — |
| 怀化市 | 44.5 | — | 44.5 | — | — |
| 娄底市 | 29.4 | — | — | 13.4 | — |
| 湘西州 | — | — | — | — | — |

## 表 3-7 高等学校 R&D 产出情况（2023 年）

计量单位：件

| 地区 | 专利申请数 | 发明专利 | 专利授权数 | 发明专利 | 有效发明专利数 |
|---|---|---|---|---|---|
| 总计 | 13323 | 8720 | 9943 | 6059 | 30363 |
| **按地区分组** | | | | | |
| 长沙市 | 8516 | 6188 | 6345 | 4315 | 21863 |
| 株洲市 | 811 | 361 | 480 | 193 | 990 |
| 湘潭市 | 1570 | 933 | 1477 | 840 | 4277 |
| 衡阳市 | 658 | 365 | 494 | 307 | 1270 |
| 邵阳市 | 230 | 132 | 95 | 35 | 201 |
| 岳阳市 | 315 | 112 | 212 | 59 | 195 |
| 常德市 | 228 | 149 | 84 | 50 | 498 |
| 张家界市 | 19 | 4 | 8 | 2 | 15 |
| 益阳市 | 220 | 117 | 123 | 53 | 305 |
| 郴州市 | 220 | 90 | 113 | 39 | 80 |
| 永州市 | 136 | 93 | 112 | 59 | 196 |
| 怀化市 | 186 | 67 | 170 | 49 | 197 |
| 娄底市 | 166 | 93 | 175 | 50 | 156 |
| 湘西州 | 48 | 16 | 55 | 8 | 120 |

# 第四部分　工业企业

## 表 4-1　规模以上工业企业科技活动情况（2023 年）

| 指标名称 | 计量单位 | 合计 | 大型 | 中型 | 小型 | 微型 |
|---|---|---|---|---|---|---|
| **企业基本情况** | | | | | | |
| 　工业企业数 | 个 | 21490 | 190 | 1457 | 17290 | 2553 |
| 　有 R&D 活动的企业个数 | 个 | 9649 | 161 | 1050 | 8044 | 394 |
| R&D 人员 | 人 | 283412 | 72208 | 63763 | 142750 | 4691 |
| 　女性 | 人 | 62120 | 15268 | 13591 | 31938 | 1323 |
| 　全时人员 | 人 | 206063 | 55096 | 45992 | 101663 | 3312 |
| **R&D 活动情况** | | | | | | |
| R&D 人员折合全时当量 | 人年 | 209066 | 55409 | 47106 | 103039 | 3511 |
| **R&D 经费内部支出** | 万元 | 9419834 | 2704539 | 2057156 | 4530729 | 127411 |
| 　**按经费来源分** | | | | | | |
| 　　政府资金 | 万元 | 192319 | 98005 | 26330 | 67718 | 266 |
| 　　企业资金 | 万元 | 9223705 | 2604014 | 2030826 | 4461869 | 126997 |
| 　　境外资金 | 万元 | 1515 | 1515 | — | — | — |
| 　　其他 | 万元 | 2295 | 1005 | — | 1143 | 148 |
| 　**按支出用途分** | | | | | | |
| 　　日常性支出 | 万元 | 8896719 | 2537241 | 1938760 | 4305496 | 115223 |
| 　　　人员劳务费 | 万元 | 2384655 | 896057 | 589196 | 876883 | 22519 |
| 　　资产性支出 | 万元 | 523115 | 167298 | 118396 | 225233 | 12188 |
| **R&D 经费外部支出** | 万元 | 467870 | 350981 | 51509 | 64081 | 1298 |
| **新产品开发及生产情况** | | | | | | |
| 　新产品开发项目数 | 项 | 53825 | 5331 | 8912 | 37498 | 2084 |
| 　新产品开发经费支出 | 万元 | 11203893 | 3132934 | 2260578 | 5623734 | 186647 |
| 　新产品销售收入 | 万元 | 156312569 | 53592035 | 32032811 | 68883358 | 1804365 |
| 　　出口 | 万元 | 7371846 | 5195149 | 1083777 | 1087471 | 5450 |
| **专利情况** | | | | | | |
| 　专利申请数 | 件 | 40317 | 9156 | 7917 | 22241 | 1003 |
| 　有效发明专利数 | 件 | 60535 | 19994 | 11403 | 28209 | 929 |
| 　发表科技论文 | 篇 | 3279 | 1849 | 761 | 659 | 10 |
| 　拥有注册商标数 | 件 | 33449 | 11239 | 7330 | 14476 | 404 |

注：本表中工业企业个数为纳统研发统计调查的规模以上工业企业单位数。

### 表 4-2　规模以上工业企业 R&D 人员情况（2023 年）

| 项目 | 有 R&D 活动的单位数（个） | R&D 人员（人） | 全时人员 | R&D 人员折合全时当量（人年） |
|---|---|---|---|---|
| 总计 | 9649 | 283412 | 206063 | 209066 |
| **按企业规模分组** | | | | |
| 大型 | 161 | 72208 | 55096 | 55409 |
| 中型 | 1050 | 63763 | 45992 | 47106 |
| 小型 | 8044 | 142750 | 101663 | 103039 |
| 微型 | 394 | 4691 | 3312 | 3511 |
| **按地区分组** | | | | |
| 长沙市 | 1561 | 82002 | 62869 | 62492 |
| 株洲市 | 608 | 29429 | 23192 | 22068 |
| 湘潭市 | 556 | 19417 | 14214 | 15608 |
| 衡阳市 | 653 | 18725 | 13651 | 14300 |
| 邵阳市 | 1195 | 22529 | 15750 | 14750 |
| 岳阳市 | 1057 | 22202 | 14496 | 15129 |
| 常德市 | 967 | 20206 | 13758 | 14919 |
| 张家界市 | 45 | 979 | 673 | 792 |
| 益阳市 | 606 | 13923 | 9750 | 10439 |
| 郴州市 | 753 | 16718 | 11850 | 13431 |
| 永州市 | 675 | 13627 | 9903 | 8706 |
| 怀化市 | 507 | 9951 | 6520 | 7351 |
| 娄底市 | 368 | 11432 | 7932 | 7544 |
| 湘西州 | 98 | 2272 | 1505 | 1536 |
| **按工业行业大类分组** | | | | |
| 煤炭开采和洗选业 | 29 | 1537 | 997 | 1003 |
| 黑色金属矿采选业 | 9 | 134 | 98 | 102 |
| 有色金属矿采选业 | 66 | 1889 | 1131 | 1363 |
| 非金属矿采选业 | 127 | 2277 | 1576 | 1704 |
| 其他采矿业 | — | — | — | — |
| 农副食品加工业 | 712 | 14733 | 10190 | 10640 |
| 食品制造业 | 261 | 7814 | 5487 | 6030 |
| 酒、饮料和精制茶制造业 | 120 | 3383 | 2325 | 2425 |
| 烟草制品业 | 5 | 694 | 182 | 654 |

续表 4-2

| 项目 | 有 R&D 活动的单位数（个） | R&D 人员（人） | 全时人员 | R&D 人员折合全时当量（人年） |
|---|---|---|---|---|
| 纺织业 | 143 | 3837 | 2661 | 2648 |
| 纺织服装、服饰业 | 139 | 2838 | 2067 | 1953 |
| 皮革、毛皮、羽毛及其制品和制鞋业 | 300 | 7585 | 5534 | 4781 |
| 木材加工和木、竹、藤、棕、草制品业 | 218 | 3700 | 2551 | 2638 |
| 家具制造业 | 97 | 1546 | 1054 | 1109 |
| 造纸和纸制品业 | 117 | 2311 | 1633 | 1707 |
| 印刷和记录媒介复制业 | 122 | 3052 | 1780 | 2043 |
| 文教、工美、体育和娱乐用品制造业 | 230 | 4708 | 3294 | 3353 |
| 石油加工、炼焦和核燃料加工业 | 51 | 1448 | 859 | 924 |
| 化学原料和化学制品制造业 | 744 | 15232 | 11137 | 11298 |
| 医药制造业 | 306 | 9768 | 7116 | 7447 |
| 化学纤维制造业 | 12 | 447 | 306 | 312 |
| 橡胶和塑料制品业 | 308 | 5256 | 3477 | 3492 |
| 非金属矿物制品业 | 1317 | 24272 | 16241 | 17321 |
| 黑色金属冶炼和压延加工业 | 76 | 6060 | 3972 | 4414 |
| 有色金属冶炼和压延加工业 | 254 | 9662 | 6549 | 7436 |
| 金属制品业 | 623 | 12404 | 8594 | 9046 |
| 通用设备制造业 | 582 | 20276 | 14807 | 14340 |
| 专用设备制造业 | 543 | 19642 | 15138 | 14662 |
| 汽车制造业 | 215 | 13175 | 10769 | 10680 |
| 铁路、船舶、航空航天和其他运输设备制造业 | 105 | 9964 | 8266 | 7616 |
| 电气机械和器材制造业 | 561 | 18592 | 14356 | 13884 |
| 计算机、通信和其他电子设备制造业 | 666 | 39664 | 32478 | 30843 |
| 仪器仪表制造业 | 123 | 4115 | 3431 | 3209 |
| 其他制造业 | 66 | 1643 | 1191 | 871 |
| 废弃资源综合利用业 | 116 | 1929 | 1293 | 1453 |
| 金属制品、机械和设备修理业 | 7 | 385 | 248 | 262 |
| 电力、热力生产和供应业 | 176 | 5609 | 2067 | 4062 |
| 燃气生产和供应业 | 36 | 517 | 313 | 376 |
| 水的生产和供应业 | 67 | 1314 | 895 | 966 |

### 表 4-3 规模以上工业企业按经费来源分 R&D 经费内部支出情况（2023 年）

计量单位：万元

| 项目 | R&D 经费内部支出 | 政府资金 | 企业资金 | 境外资金 | 其他资金 |
|---|---|---|---|---|---|
| 总计 | 9419834 | 192319 | 9223705 | 1515 | 2295 |
| **按企业规模分组** | | | | | |
| 大型 | 2704539 | 98005 | 2604014 | 1515 | 1005 |
| 中型 | 2057156 | 26330 | 2030826 | — | — |
| 小型 | 4530729 | 67718 | 4461869 | — | 1143 |
| 微型 | 127411 | 266 | 126997 | — | 148 |
| **按地区分组** | | | | | |
| 长沙市 | 2550847 | 58838 | 2489538 | 1515 | 955 |
| 株洲市 | 935350 | 71059 | 864291 | — | — |
| 湘潭市 | 619210 | 9761 | 609450 | — | — |
| 衡阳市 | 638535 | 2191 | 636344 | — | — |
| 邵阳市 | 597979 | 1825 | 596006 | — | 148 |
| 岳阳市 | 940628 | 2841 | 937308 | — | 479 |
| 常德市 | 713247 | 6445 | 706402 | — | 401 |
| 张家界市 | 11112 | 200 | 10912 | — | — |
| 益阳市 | 492778 | 1348 | 491327 | — | 102 |
| 郴州市 | 693636 | 18639 | 674904 | — | 93 |
| 永州市 | 392735 | 1173 | 391562 | — | — |
| 怀化市 | 363776 | 14143 | 349590 | — | 44 |
| 娄底市 | 423988 | 2967 | 420946 | — | 74 |
| 湘西州 | 46014 | 889 | 45125 | — | — |
| **按工业行业大类分组** | | | | | |
| 煤炭开采和洗选业 | 15927 | — | 15927 | — | — |
| 黑色金属矿采选业 | 4467 | — | 4467 | — | — |
| 有色金属矿采选业 | 64591 | 119 | 64471 | — | — |
| 非金属矿采选业 | 70598 | 289 | 70309 | — | — |
| 其他采矿业 | | | | | |
| 农副食品加工业 | 448191 | 2485 | 445706 | — | — |
| 食品制造业 | 183766 | 611 | 183155 | — | — |
| 酒、饮料和精制茶制造业 | 52037 | 93 | 51943 | — | — |

续表 4-3

| 项目 | R&D 经费内部支出 | 政府资金 | 企业资金 | 境外资金 | 其他资金 |
|---|---|---|---|---|---|
| 烟草制品业 | 21462 | — | 21462 | — | — |
| 纺织业 | 106726 | 302 | 106423 | — | — |
| 纺织服装、服饰业 | 74406 | — | 74406 | — | — |
| 皮革、毛皮、羽毛及其制品和制鞋业 | 160255 | 240 | 160014 | — | — |
| 木材加工和木、竹、藤、棕、草制品业 | 110477 | 355 | 110122 | — | — |
| 家具制造业 | 50226 | 142 | 50040 | — | 45 |
| 造纸和纸制品业 | 82580 | 432 | 82148 | — | — |
| 印刷和记录媒介复制业 | 63056 | 192 | 62864 | — | — |
| 文教、工美、体育和娱乐用品制造业 | 132117 | 447 | 131670 | — | — |
| 石油加工、炼焦和核燃料加工业 | 72734 | — | 72734 | — | — |
| 化学原料和化学制品制造业 | 480967 | 2542 | 478235 | — | 191 |
| 医药制造业 | 303539 | 4094 | 299445 | — | — |
| 化学纤维制造业 | 13661 | — | 13661 | — | — |
| 橡胶和塑料制品业 | 195013 | 1243 | 193770 | — | — |
| 非金属矿物制品业 | 717819 | 2559 | 715261 | — | — |
| 黑色金属冶炼和压延加工业 | 384554 | 4280 | 380274 | — | — |
| 有色金属冶炼和压延加工业 | 540482 | 18777 | 521690 | — | 14 |
| 金属制品业 | 392618 | 6457 | 386068 | — | 93 |
| 通用设备制造业 | 714911 | 18714 | 694900 | — | 1297 |
| 专用设备制造业 | 664381 | 6654 | 657008 | 645 | 74 |
| 汽车制造业 | 538172 | 1574 | 536554 | — | 44 |
| 铁路、船舶、航空航天和其他运输设备制造业 | 408604 | 48540 | 360064 | — | — |
| 电气机械和器材制造业 | 687223 | 5268 | 681955 | — | — |
| 计算机、通信和其他电子设备制造业 | 1145443 | 61634 | 1083611 | 198 | — |
| 仪器仪表制造业 | 134650 | 3462 | 131029 | — | 158 |
| 其他制造业 | 40651 | 80 | 40571 | — | — |
| 废弃资源综合利用业 | 135014 | 6 | 135008 | — | — |
| 金属制品、机械和设备修理业 | 5881 | 20 | 5629 | — | 232 |
| 电力、热力生产和供应业 | 140064 | 617 | 138626 | 673 | 148 |
| 燃气生产和供应业 | 22703 | 16 | 22687 | — | — |
| 水的生产和供应业 | 39874 | 77 | 39798 | — | — |

### 表 4-4  规模以上工业企业按支出用途分 R&D 经费内部支出情况（2023 年）

计量单位：万元

| 项目 | R&D 经费内部支出 | 日常性支出 | 人员劳务费 | 资产性支出 |
|---|---|---|---|---|
| 总计 | 9419834 | 8896719 | 2384655 | 523115 |
| **按企业规模分组** | | | | |
| 大型 | 2704539 | 2537241 | 896057 | 167298 |
| 中型 | 2057156 | 1938760 | 589196 | 118396 |
| 小型 | 4530729 | 4305496 | 876883 | 225233 |
| 微型 | 127411 | 115223 | 22519 | 12188 |
| **按地区分组** | | | | |
| 长沙市 | 2550847 | 2393288 | 982427 | 157559 |
| 株洲市 | 935350 | 829680 | 355983 | 105670 |
| 湘潭市 | 619210 | 587680 | 154738 | 31530 |
| 衡阳市 | 638535 | 614883 | 113267 | 23652 |
| 邵阳市 | 597979 | 587724 | 137953 | 10255 |
| 岳阳市 | 940628 | 902798 | 130403 | 37830 |
| 常德市 | 713247 | 673352 | 123752 | 39896 |
| 张家界市 | 11112 | 10590 | 2074 | 522 |
| 益阳市 | 492778 | 475728 | 83074 | 17050 |
| 郴州市 | 693636 | 664387 | 102729 | 29249 |
| 永州市 | 392735 | 381261 | 64075 | 11474 |
| 怀化市 | 363776 | 358078 | 55655 | 5698 |
| 娄底市 | 423988 | 377934 | 70265 | 46054 |
| 湘西州 | 46014 | 39337 | 8261 | 6677 |
| **按工业行业大类分组** | | | | |
| 煤炭开采和洗选业 | 15927 | 15620 | 5307 | 307 |
| 黑色金属矿采选业 | 4467 | 4309 | 340 | 158 |
| 有色金属矿采选业 | 64591 | 62629 | 12879 | 1962 |
| 非金属矿采选业 | 70598 | 68702 | 11558 | 1896 |
| 其他采矿业 | — | — | — | — |
| 农副食品加工业 | 448191 | 436288 | 65743 | 11903 |
| 食品制造业 | 183766 | 173548 | 43328 | 10218 |
| 酒、饮料和精制茶制造业 | 52037 | 49336 | 8595 | 2701 |

续表 4-4

| 项目 | R&D 经费内部支出 | 日常性支出 | 人员劳务费 | 资产性支出 |
|---|---|---|---|---|
| 烟草制品业 | 21462 | 21318 | 15843 | 144 |
| 纺织业 | 106726 | 102431 | 16013 | 4295 |
| 纺织服装、服饰业 | 74406 | 70783 | 13154 | 3623 |
| 皮革、毛皮、羽毛及其制品和制鞋业 | 160255 | 157657 | 35403 | 2598 |
| 木材加工和木、竹、藤、棕、草制品业 | 110477 | 105545 | 14984 | 4932 |
| 家具制造业 | 50226 | 48398 | 8595 | 1828 |
| 造纸和纸制品业 | 82580 | 78500 | 10856 | 4079 |
| 印刷和记录媒介复制业 | 63056 | 60908 | 16303 | 2148 |
| 文教、工美、体育和娱乐用品制造业 | 132117 | 129449 | 26205 | 2667 |
| 石油加工、炼焦和核燃料加工业 | 72734 | 66236 | 9854 | 6498 |
| 化学原料和化学制品制造业 | 480967 | 452339 | 113641 | 28628 |
| 医药制造业 | 303539 | 277201 | 75979 | 26338 |
| 化学纤维制造业 | 13661 | 13639 | 2975 | 22 |
| 橡胶和塑料制品业 | 195013 | 185539 | 34097 | 9475 |
| 非金属矿物制品业 | 717819 | 674479 | 130028 | 43340 |
| 黑色金属冶炼和压延加工业 | 384554 | 376444 | 58307 | 8110 |
| 有色金属冶炼和压延加工业 | 540482 | 510518 | 74120 | 29964 |
| 金属制品业 | 392618 | 373650 | 85583 | 18968 |
| 通用设备制造业 | 714911 | 656378 | 218902 | 58533 |
| 专用设备制造业 | 664381 | 637505 | 244804 | 26876 |
| 汽车制造业 | 538172 | 503446 | 171735 | 34726 |
| 铁路、船舶、航空航天和其他运输设备制造业 | 408604 | 342673 | 164183 | 65931 |
| 电气机械和器材制造业 | 687223 | 647112 | 164974 | 40111 |
| 计算机、通信和其他电子设备制造业 | 1145443 | 1090763 | 395670 | 54680 |
| 仪器仪表制造业 | 134650 | 130529 | 61212 | 4121 |
| 其他制造业 | 40651 | 39780 | 9732 | 871 |
| 废弃资源综合利用业 | 135014 | 132147 | 16217 | 2866 |
| 金属制品、机械和设备修理业 | 5881 | 5525 | 2458 | 356 |
| 电力、热力生产和供应业 | 140064 | 135254 | 31486 | 4809 |
| 燃气生产和供应业 | 22703 | 22106 | 3663 | 597 |
| 水的生产和供应业 | 39874 | 38034 | 9932 | 1840 |

### 表 4-5 规模以上工业企业科技活动产出情况(2023 年)

| 项目 | 新产品销售收入(万元) | 出口 | 专利申请数(件) | 有效发明专利数(件) |
|---|---|---|---|---|
| 总计 | 156312569 | 7371846 | 40317 | 60535 |
| **按企业规模分组** | | | | |
| 大型 | 53592035 | 5195149 | 9156 | 19994 |
| 中型 | 32032811 | 1083777 | 7917 | 11403 |
| 小型 | 68883358 | 1087471 | 22241 | 28209 |
| 微型 | 1804365 | 5450 | 1003 | 929 |
| **按地区分组** | | | | |
| 长沙市 | 34832428 | 4040917 | 14910 | 25596 |
| 株洲市 | 13395303 | 583555 | 5395 | 13309 |
| 湘潭市 | 15315983 | 622551 | 2213 | 2936 |
| 衡阳市 | 9652888 | 428112 | 2397 | 1971 |
| 邵阳市 | 10321222 | 260799 | 2006 | 1920 |
| 岳阳市 | 18648111 | 187308 | 3226 | 3431 |
| 常德市 | 10570239 | 291969 | 2226 | 3177 |
| 张家界市 | 472661 | 17156 | 200 | 387 |
| 益阳市 | 8329678 | 338092 | 2329 | 2182 |
| 郴州市 | 10521944 | 149595 | 1223 | 2173 |
| 永州市 | 9224121 | 79274 | 1279 | 562 |
| 怀化市 | 3072150 | 49069 | 911 | 1161 |
| 娄底市 | 11207293 | 286087 | 1645 | 1259 |
| 湘西州 | 748549 | 37363 | 357 | 471 |
| **按工业行业大类分组** | | | | |
| 煤炭开采和洗选业 | 250691 | —— | 96 | 37 |
| 黑色金属矿采选业 | 104593 | 2219 | 8 | 12 |
| 有色金属矿采选业 | 909251 | 15701 | 122 | 149 |
| 非金属矿采选业 | 877815 | 8629 | 217 | 81 |
| 其他采矿业 | —— | —— | —— | —— |
| 农副食品加工业 | 11262129 | 10002 | 1566 | 1978 |
| 食品制造业 | 3907426 | 26089 | 791 | 982 |
| 酒、饮料和精制茶制造业 | 2018930 | 3350 | 753 | 625 |

续表 4-5

| 项目 | 新产品销售收入（万元） | 出口 | 专利申请数（件） | 有效发明专利数（件） |
|---|---|---|---|---|
| 烟草制品业 | 697390 | 9096 | 163 | 493 |
| 纺织业 | 2077528 | 14224 | 277 | 255 |
| 纺织服装、服饰业 | 1226833 | 18934 | 243 | 177 |
| 皮革、毛皮、羽毛及其制品和制鞋业 | 2777833 | 156857 | 425 | 262 |
| 木材加工和木、竹、藤、棕、草制品业 | 1674256 | 20316 | 399 | 352 |
| 家具制造业 | 666806 | 8944 | 198 | 241 |
| 造纸和纸制品业 | 1900642 | 10335 | 325 | 388 |
| 印刷和记录媒介复制业 | 1047144 | 6497 | 231 | 455 |
| 文教、工美、体育和娱乐用品制造业 | 1950363 | 134283 | 496 | 436 |
| 石油加工、炼焦和核燃料加工业 | 3651248 | — | 190 | 394 |
| 化学原料和化学制品制造业 | 7661168 | 158866 | 1866 | 3322 |
| 医药制造业 | 3620061 | 119000 | 1086 | 2634 |
| 化学纤维制造业 | 151200 | 5 | 34 | 55 |
| 橡胶和塑料制品业 | 2331694 | 25278 | 893 | 1146 |
| 非金属矿物制品业 | 10785940 | 284142 | 2907 | 2734 |
| 黑色金属冶炼和压延加工业 | 11484879 | 495190 | 925 | 565 |
| 有色金属冶炼和压延加工业 | 11238593 | 273059 | 1087 | 2540 |
| 金属制品业 | 5015683 | 91456 | 1653 | 2258 |
| 通用设备制造业 | 7655512 | 876057 | 3881 | 6964 |
| 专用设备制造业 | 8255825 | 328593 | 5331 | 6792 |
| 汽车制造业 | 11642621 | 192722 | 1199 | 2161 |
| 铁路、船舶、航空航天和其他运输设备制造业 | 3661282 | 270592 | 2569 | 5091 |
| 电气机械和器材制造业 | 11972748 | 405500 | 3167 | 3802 |
| 计算机、通信和其他电子设备制造业 | 17385941 | 3397289 | 4240 | 9067 |
| 仪器仪表制造业 | 1045818 | 4279 | 910 | 1584 |
| 其他制造业 | 1034533 | 4344 | 123 | 99 |
| 废弃资源综合利用业 | 2521656 | — | 303 | 251 |
| 金属制品、机械和设备修理业 | 14517 | — | 37 | 58 |
| 电力、热力生产和供应业 | 1169844 | — | 1434 | 1900 |
| 燃气生产和供应业 | 383132 | — | 54 | 67 |
| 水的生产和供应业 | 279048 | — | 118 | 128 |

## 表 4-6  大中型工业企业科技活动情况（2023 年）

| 指标名称 | 计量单位 | 合计 | 大型 | 中型 |
|---|---|---|---|---|
| **企业基本情况** | | | | |
| 大中型工业企业个数 | 个 | 1647 | 190 | 1457 |
| 　有 R&D 活动的企业个数 | 个 | 1211 | 161 | 1050 |
| R&D 人员 | 人 | 135971 | 72208 | 63763 |
| 　女性 | 人 | 28859 | 15268 | 13591 |
| 　全时人员 | 人 | 101088 | 55096 | 45992 |
| **R&D 活动情况** | | | | |
| **R&D 人员折合全时当量** | 人年 | 102516 | 55409 | 47106 |
| **R&D 经费内部支出** | 万元 | 4761694 | 2704539 | 2057156 |
| 　按经费来源分 | | | | |
| 　　政府资金 | 万元 | 124335 | 98005 | 26330 |
| 　　企业资金 | 万元 | 4634840 | 2604014 | 2030826 |
| 　　境外资金 | 万元 | 1515 | 1515 | |
| 　　其他 | 万元 | 1005 | 1005 | |
| 　按支出用途分 | | | | |
| 　　日常性支出 | 万元 | 4476000 | 2537241 | 1938760 |
| 　　　人员劳务费 | 万元 | 1485252 | 896057 | 589196 |
| 　　资产性支出 | 万元 | 285694 | 167298 | 118396 |
| **R&D 经费外部支出** | 万元 | 402490 | 350981 | 51509 |
| **新产品开发及生产情况** | | | | |
| 　新产品开发项目数 | 项 | 14243 | 5331 | 8912 |
| 　新产品开发经费支出 | 万元 | 5393512 | 3132934 | 2260578 |
| 　新产品销售收入 | 万元 | 85624846 | 53592035 | 32032811 |
| 　出口 | 万元 | 6278926 | 5195149 | 1083777 |
| **专利情况** | | | | |
| 　专利申请数 | 件 | 17073 | 9156 | 7917 |
| 　有效发明专利数 | 件 | 31397 | 19994 | 11403 |
| 　发表科技论文 | 篇 | 2610 | 1849 | 761 |
| 　拥有注册商标数 | 件 | 18569 | 11239 | 7330 |

## 表 4-7　大中型工业企业 R&D 人员情况（2023 年）

| 项目 | 有 R&D 活动的单位数（个） | R&D 人员（人） | 全时人员 | R&D 人员折合全时当量（人年） |
|---|---|---|---|---|
| 总计 | 1211 | 135971 | 101088 | 102516 |
| **按企业规模分组** | | | | |
| 大型企业 | 161 | 72208 | 55096 | 55409 |
| 中型企业 | 1050 | 63763 | 45992 | 47106 |
| **按地区分组** | | | | |
| 长沙市 | 261 | 52038 | 40011 | 40641 |
| 株洲市 | 155 | 19975 | 16114 | 15168 |
| 湘潭市 | 65 | 10455 | 7846 | 8599 |
| 衡阳市 | 98 | 7955 | 5310 | 6063 |
| 邵阳市 | 82 | 5845 | 4318 | 3841 |
| 岳阳市 | 133 | 8249 | 5619 | 5715 |
| 常德市 | 113 | 6876 | 4710 | 5224 |
| 张家界市 | 1 | 54 | 43 | 51 |
| 益阳市 | 67 | 5326 | 3684 | 4074 |
| 郴州市 | 79 | 6734 | 4409 | 5137 |
| 永州市 | 80 | 4050 | 2881 | 2361 |
| 怀化市 | 25 | 2396 | 1834 | 1571 |
| 娄底市 | 43 | 5483 | 3961 | 3731 |
| 湘西州 | 9 | 535 | 348 | 340 |
| **按工业行业大类分组** | | | | |
| 煤炭开采和洗选业 | 18 | 1303 | 844 | 869 |
| 黑色金属矿采选业 | — | 10 | 8 | 5 |
| 有色金属矿采选业 | 18 | 1222 | 677 | 870 |
| 非金属矿采选业 | 7 | 501 | 399 | 430 |
| 其他采矿业 | | | | |
| 农副食品加工业 | 66 | 3172 | 2263 | 2252 |
| 食品制造业 | 46 | 4106 | 2860 | 3306 |
| 酒、饮料和精制茶制造业 | 11 | 694 | 495 | 495 |
| 烟草制品业 | 3 | 667 | 159 | 642 |

续表 4-7

| 项目 | 有 R&D 活动的单位数（个） | R&D 人员（人） | 全时人员 | R&D 人员折合全时当量（人年） |
|---|---|---|---|---|
| 纺织业 | 37 | 2004 | 1411 | 1362 |
| 纺织服装、服饰业 | 23 | 709 | 500 | 512 |
| 皮革、毛皮、羽毛及其制品和制鞋业 | 44 | 3480 | 2422 | 2070 |
| 木材加工和木、竹、藤、棕、草制品业 | 15 | 562 | 408 | 399 |
| 家具制造业 | 6 | 145 | 84 | 112 |
| 造纸和纸制品业 | 13 | 761 | 509 | 613 |
| 印刷和记录媒介复制业 | 16 | 1122 | 578 | 769 |
| 文教、工美、体育和娱乐用品制造业 | 25 | 1363 | 1057 | 944 |
| 石油加工、炼焦和核燃料加工业 | 5 | 789 | 396 | 416 |
| 化学原料和化学制品制造业 | 92 | 4425 | 3231 | 3173 |
| 医药制造业 | 51 | 4835 | 3581 | 3848 |
| 化学纤维制造业 | 3 | 320 | 216 | 227 |
| 橡胶和塑料制品业 | 19 | 1028 | 683 | 582 |
| 非金属矿物制品业 | 119 | 6733 | 4319 | 4706 |
| 黑色金属冶炼和压延加工业 | 12 | 5018 | 3248 | 3603 |
| 有色金属冶炼和压延加工业 | 44 | 4989 | 3103 | 3830 |
| 金属制品业 | 48 | 3579 | 2514 | 2686 |
| 通用设备制造业 | 65 | 11089 | 8197 | 7714 |
| 专用设备制造业 | 60 | 9805 | 7673 | 7541 |
| 汽车制造业 | 42 | 9623 | 8222 | 8059 |
| 铁路、船舶、航空航天和其他运输设备制造业 | 16 | 7483 | 6389 | 5745 |
| 电气机械和器材制造业 | 83 | 9879 | 7889 | 7770 |
| 计算机、通信和其他电子设备制造业 | 134 | 27734 | 23423 | 22089 |
| 仪器仪表制造业 | 14 | 1336 | 1153 | 1144 |
| 其他制造业 | 9 | 783 | 581 | 257 |
| 废弃资源综合利用业 | 4 | 438 | 360 | 321 |
| 金属制品、机械和设备修理业 | 3 | 271 | 156 | 162 |
| 电力、热力生产和供应业 | 26 | 3554 | 770 | 2644 |
| 燃气生产和供应业 | 5 | 92 | 66 | 71 |
| 水的生产和供应业 | 9 | 347 | 244 | 278 |

## 表4-8 大中型工业企业按经费来源分R&D经费内部支出情况（2023年）

计量单位：万元

| 项目 | R&D经费内部支出 | 政府资金 | 企业资金 | 境外资金 | 其他资金 |
|---|---|---|---|---|---|
| **总计** | 4761694 | 124335 | 4634840 | 1515 | 1005 |
| **按企业规模分组** | | | | | |
| 大型企业 | 2704539 | 98005 | 2604014 | 1515 | 1005 |
| 中型企业 | 2057156 | 26330 | 2030826 | — | — |
| **按地区分组** | | | | | |
| 长沙市 | 1852903 | 46920 | 1803864 | 1515 | 604 |
| 株洲市 | 672664 | 37142 | 635522 | — | — |
| 湘潭市 | 356197 | 8537 | 347660 | — | — |
| 衡阳市 | 327521 | 1646 | 325875 | — | — |
| 邵阳市 | 135736 | 740 | 134996 | — | — |
| 岳阳市 | 354905 | 650 | 354255 | — | — |
| 常德市 | 200196 | 4087 | 195708 | — | 401 |
| 张家界市 | 87 | — | 87 | — | — |
| 益阳市 | 175545 | 394 | 175151 | — | — |
| 郴州市 | 208144 | 9755 | 198390 | — | — |
| 永州市 | 72710 | 295 | 72415 | — | — |
| 怀化市 | 85791 | 11552 | 74239 | — | — |
| 娄底市 | 304678 | 2487 | 302191 | — | — |
| 湘西州 | 14618 | 131 | 14487 | — | — |
| **按工业行业大类分组** | | | | | |
| 煤炭开采和洗选业 | 9519 | — | 9519 | — | — |
| 黑色金属矿采选业 | — | — | — | — | — |
| 有色金属矿采选业 | — | 38 | 28587 | — | — |
| 非金属矿采选业 | 11443 | — | 11443 | — | — |
| 其他采矿业 | — | — | — | — | — |
| 农副食品加工业 | 106146 | 362 | 105784 | — | — |
| 食品制造业 | 88738 | 232 | 88506 | — | — |
| 酒、饮料和精制茶制造业 | 11104 | — | 11104 | — | — |
| 烟草制品业 | 21082 | — | 21082 | — | — |

续表 4-8

| 项目 | R&D 经费内部支出 | 政府资金 | 企业资金 | 境外资金 | 其他资金 |
|---|---|---|---|---|---|
| 纺织业 | 46159 | 227 | 45932 | — | — |
| 纺织服装、服饰业 | 18841 | — | 18841 | — | — |
| 皮革、毛皮、羽毛及其制品和制鞋业 | 58064 | 230 | 57834 | — | — |
| 木材加工和木、竹、藤、棕、草制品业 | 14110 | — | 14110 | — | — |
| 家具制造业 | 4314 | 138 | 4176 | — | — |
| 造纸和纸制品业 | 32483 | — | 32483 | — | — |
| 印刷和记录媒介复制业 | 20960 | — | 20960 | — | — |
| 文教、工美、体育和娱乐用品制造业 | 25470 | 74 | 25396 | — | — |
| 石油加工、炼焦和核燃料加工业 | 51860 | — | 51860 | — | — |
| 化学原料和化学制品制造业 | 154943 | 594 | 154349 | — | — |
| 医药制造业 | 149943 | 3450 | 146493 | — | — |
| 化学纤维制造业 | 8123 | — | 8123 | — | — |
| 橡胶和塑料制品业 | 43908 | 730 | 43178 | — | — |
| 非金属矿物制品业 | 189178 | 418 | 188760 | — | — |
| 黑色金属冶炼和压延加工业 | 339900 | 4269 | 335631 | — | — |
| 有色金属冶炼和压延加工业 | 250653 | 10190 | 240463 | — | — |
| 金属制品业 | 122496 | 4939 | 117558 | — | — |
| 通用设备制造业 | 454757 | 16669 | 437084 | — | 1005 |
| 专用设备制造业 | 379867 | 4899 | 374323 | 645 | — |
| 汽车制造业 | 447677 | 1486 | 446191 | — | — |
| 铁路、船舶、航空航天和其他运输设备制造业 | 295856 | 13722 | 282134 | — | — |
| 电气机械和器材制造业 | 390277 | 3192 | 387085 | — | — |
| 计算机、通信和其他电子设备制造业 | 761660 | 55939 | 705523 | 198 | — |
| 仪器仪表制造业 | 64402 | 2312 | 62091 | — | — |
| 其他制造业 | 14837 | — | 14837 | — | — |
| 废弃资源综合利用业 | 62096 | 6 | 62091 | — | — |
| 金属制品、机械和设备修理业 | 3814 | — | 3814 | — | — |
| 电力、热力生产和供应业 | 67672 | 212 | 66788 | 673 | — |
| 燃气生产和供应业 | 2135 | — | 2135 | — | — |
| 水的生产和供应业 | 8582 | 9 | 8574 | — | — |

## 表4-9 大中型工业企业按支出用途分R&D经费内部支出情况（2023年）

| 项目 | R&D经费内部支出 | 日常性支出 | 人员劳务费 | 资产性支出 |
|---|---|---|---|---|
| 总计 | 4761694 | 4476000 | 1485252 | 285694 |
| **按企业规模分组** | | | | |
| 大型企业 | 2704539 | 2537241 | 896057 | 167298 |
| 中型企业 | 2057156 | 1938760 | 589196 | 118396 |
| **按地区分组** | | | | |
| 长沙市 | 1852903 | 1738830 | 714932 | 114074 |
| 株洲市 | 672664 | 628738 | 282708 | 43926 |
| 湘潭市 | 356197 | 334028 | 102584 | 22169 |
| 衡阳市 | 327521 | 315825 | 64998 | 11696 |
| 邵阳市 | 135736 | 133846 | 39736 | 1890 |
| 岳阳市 | 354905 | 341682 | 56401 | 13223 |
| 常德市 | 200196 | 183472 | 58177 | 16724 |
| 张家界市 | 87 | 78 | 26 | 9 |
| 益阳市 | 175545 | 165729 | 40439 | 9816 |
| 郴州市 | 208144 | 202900 | 41020 | 5244 |
| 永州市 | 72710 | 70912 | 19063 | 1798 |
| 怀化市 | 85791 | 83497 | 19861 | 2295 |
| 娄底市 | 304678 | 265211 | 42942 | 39467 |
| 湘西州 | 14618 | 11254 | 2368 | 3364 |
| **按工业行业大类分组** | | | | |
| 煤炭开采和洗选业 | 9519 | 9471 | 4349 | 49 |
| 黑色金属矿采选业 | — | — | — | — |
| 有色金属矿采选业 | 28626 | 27956 | 9184 | 670 |
| 非金属矿采选业 | 11443 | 11331 | 3094 | 112 |
| 其他采矿业 | — | — | — | — |
| 农副食品加工业 | 106146 | 104778 | 16797 | 1367 |
| 食品制造业 | 88738 | 84202 | 27613 | 4536 |
| 酒、饮料和精制茶制造业 | 11104 | 10513 | 2933 | 591 |
| 烟草制品业 | 21082 | 21053 | 15622 | 28 |

续表 4-9

| 项目 | R&D 经费内部支出 | 日常性支出 | 人员劳务费 | 资产性支出 |
|---|---|---|---|---|
| 纺织业 | 46159 | 44656 | 7275 | 1504 |
| 纺织服装、服饰业 | 18841 | 17442 | 3475 | 1399 |
| 皮革、毛皮、羽毛及其制品和制鞋业 | 58064 | 56675 | 15022 | 1389 |
| 木材加工和木、竹、藤、棕、草制品业 | 14110 | 14023 | 1458 | 87 |
| 家具制造业 | 4314 | 3839 | 729 | 476 |
| 造纸和纸制品业 | 32483 | 31348 | 3254 | 1135 |
| 印刷和记录媒介复制业 | 20960 | 20395 | 7930 | 565 |
| 文教、工美、体育和娱乐用品制造业 | 25470 | 25132 | 6924 | 338 |
| 石油加工、炼焦和核燃料加工业 | 51860 | 45627 | 6599 | 6233 |
| 化学原料和化学制品制造业 | 154943 | 148251 | 44561 | 6693 |
| 医药制造业 | 149943 | 131181 | 45630 | 18762 |
| 化学纤维制造业 | 8123 | 8123 | 2210 | — |
| 橡胶和塑料制品业 | 43908 | 39004 | 10885 | 4903 |
| 非金属矿物制品业 | 189178 | 171904 | 46090 | 17275 |
| 黑色金属冶炼和压延加工业 | 339900 | 333050 | 52748 | 6850 |
| 有色金属冶炼和压延加工业 | 250653 | 232598 | 39334 | 18054 |
| 金属制品业 | 122496 | 114194 | 37976 | 8302 |
| 通用设备制造业 | 454757 | 408916 | 156951 | 45842 |
| 专用设备制造业 | 379867 | 362777 | 167048 | 17090 |
| 汽车制造业 | 447677 | 418566 | 149466 | 29110 |
| 铁路、船舶、航空航天和其他运输设备制造业 | 295856 | 273209 | 141778 | 22647 |
| 电气机械和器材制造业 | 390277 | 363988 | 99648 | 26289 |
| 计算机、通信和其他电子设备制造业 | 761660 | 722037 | 291784 | 39622 |
| 仪器仪表制造业 | 64402 | 62659 | 32791 | 1744 |
| 其他制造业 | 14837 | 14657 | 3116 | 180 |
| 废弃资源综合利用业 | 62096 | 61957 | 6654 | 139 |
| 金属制品、机械和设备修理业 | 3814 | 3486 | 1875 | 328 |
| 电力、热力生产和供应业 | 67672 | 66611 | 17987 | 1061 |
| 燃气生产和供应业 | 2135 | 2057 | 719 | 78 |
| 水的生产和供应业 | 8582 | 8337 | 3747 | 246 |

## 表 4-10　大中型工业企业科技活动产出情况（2023 年）

| 项目 | 新产品销售收入（万元） | 出口 | 专利申请数（件） | 有效发明专利数（件） |
|---|---|---|---|---|
| 总计 | 85624846 | 6278926 | 17073 | 31397 |
| **按企业规模分组** | | | | |
| 大型企业 | 53592035 | 5195149 | 9156 | 19994 |
| 中型企业 | 32032811 | 1083777 | 7917 | 11403 |
| **按地区分组** | | | | |
| 长沙市 | 27364521 | 3778230 | 8005 | 14151 |
| 株洲市 | 9125898 | 479436 | 3129 | 9632 |
| 湘潭市 | 10781229 | 598261 | 1186 | 1238 |
| 衡阳市 | 5507407 | 339288 | 537 | 630 |
| 邵阳市 | 2157625 | 93257 | 265 | 653 |
| 岳阳市 | 9636356 | 15027 | 946 | 1292 |
| 常德市 | 3436545 | 179207 | 857 | 1361 |
| 张家界市 | 21692 | — | 5 | 6 |
| 益阳市 | 2641915 | 319291 | 624 | 799 |
| 郴州市 | 3912604 | 102085 | 400 | 817 |
| 永州市 | 1552764 | 60863 | 223 | 132 |
| 怀化市 | 356807 | 39177 | 152 | 192 |
| 娄底市 | 8791056 | 272517 | 678 | 436 |
| 湘西州 | 338429 | 2288 | 66 | 58 |
| **按工业行业大类分组** | | | | |
| 煤炭开采和洗选业 | 151974 | — | 67 | 30 |
| 黑色金属矿采选业 | 1280 | — | — | — |
| 有色金属矿采选业 | 426997 | — | 42 | 92 |
| 非金属矿采选业 | 104544 | 18 | 59 | 33 |
| 其他采矿业 | — | — | — | — |
| 农副食品加工业 | 3100705 | 269 | 234 | 363 |
| 食品制造业 | 2074851 | — | 232 | 267 |
| 酒、饮料和精制茶制造业 | 645939 | — | 96 | 70 |
| 烟草制品业 | 677901 | — | 127 | 488 |

续表 4-10

| 项目 | 新产品销售收入（万元） | 出口 | 专利申请数（件） | 有效发明专利数（件） |
|---|---|---|---|---|
| 纺织业 | 1192115 | 14224 | 113 | 83 |
| 纺织服装、服饰业 | 377504 | 11933 | 61 | 25 |
| 皮革、毛皮、羽毛及其制品和制鞋业 | 1105138 | 55645 | 145 | 51 |
| 木材加工和木、竹、藤、棕、草制品业 | 225008 | 1717 | 35 | 84 |
| 家具制造业 | 47006 | 8381 | 10 | — |
| 造纸和纸制品业 | 917020 | — | 105 | 156 |
| 印刷和记录媒介复制业 | 239129 | 857 | 48 | 116 |
| 文教、工美、体育和娱乐用品制造业 | 391327 | 43739 | 107 | 77 |
| 石油加工、炼焦和核燃料加工业 | 3326682 | — | 133 | 329 |
| 化学原料和化学制品制造业 | 2456693 | 74006 | 446 | 900 |
| 医药制造业 | 1815616 | 40445 | 387 | 1278 |
| 化学纤维制造业 | 68875 | — | 2 | 37 |
| 橡胶和塑料制品业 | 373411 | 11738 | 162 | 442 |
| 非金属矿物制品业 | 3183999 | 173160 | 812 | 820 |
| 黑色金属冶炼和压延加工业 | 10866220 | 471965 | 785 | 455 |
| 有色金属冶炼和压延加工业 | 5104915 | 234480 | 428 | 1225 |
| 金属制品业 | 1171205 | 32756 | 347 | 604 |
| 通用设备制造业 | 4070585 | 832475 | 1928 | 4256 |
| 专用设备制造业 | 4618242 | 290460 | 2842 | 3304 |
| 汽车制造业 | 10342744 | 172407 | 690 | 1267 |
| 铁路、船舶、航空航天和其他运输设备制造业 | 2945740 | 163378 | 2013 | 3945 |
| 电气机械和器材制造业 | 7978910 | 318940 | 1197 | 1679 |
| 计算机、通信和其他电子设备制造业 | 12850079 | 3324604 | 1931 | 6347 |
| 仪器仪表制造业 | 481143 | 1331 | 243 | 620 |
| 其他制造业 | 399995 | — | 7 | 4 |
| 废弃资源综合利用业 | 1404476 | — | 49 | 63 |
| 金属制品、机械和设备修理业 | 9634 | — | — | 6 |
| 电力、热力生产和供应业 | 358536 | — | 1134 | 1788 |
| 燃气生产和供应业 | 52566 | — | 8 | 34 |
| 水的生产和供应业 | 66146 | — | 48 | 59 |

# 第五部分　高新技术产业

表 5-1 高新技术产业发展情况按地区分组 ( 2023 年 )

| 地区 | 企业单位数（个） | 高新技术产业增加值（亿元） | 高新技术产业增加值增速（%） | 高新技术产业营业收入(亿元) | 出口收入 | 高新技术产业利税总额(亿元) | 利润总额 |
|---|---|---|---|---|---|---|---|
| 全省 | 17590 | 11414.5 | 8.9 | 36142.57 | 1606.30 | 2900.33 | 1896.71 |
| 按地区分组 | | | | | | | |
| 长沙市 | 5877 | 4329.9 | 8.3 | 13410 | 740.91 | 1126.73 | 744.46 |
| 株洲市 | 1312 | 914.6 | 6.4 | 2880 | 135.35 | 292.65 | 190.09 |
| 湘潭市 | 923 | 817.3 | 11.5 | 2686 | 65.52 | 175.73 | 99.00 |
| 衡阳市 | 1075 | 716.7 | 5.5 | 1913 | 126.63 | 153.88 | 91.09 |
| 邵阳市 | 1290 | 625.8 | 14.0 | 1913 | 111.61 | 153.68 | 111.69 |
| 岳阳市 | 1315 | 1164.7 | 8.6 | 3545 | 64.33 | 320.76 | 173.30 |
| 常德市 | 1430 | 518.4 | 4.4 | 1970 | 72.84 | 146.85 | 103.03 |
| 张家界市 | 178 | 32.9 | 1.0 | 99 | 2.56 | 9.09 | 6.44 |
| 益阳市 | 931 | 512.3 | 13.6 | 1821 | 79.22 | 118.32 | 92.15 |
| 郴州市 | 946 | 756.8 | 15.8 | 1910 | 90.79 | 151.68 | 104.71 |
| 永州市 | 900 | 416.0 | 7.1 | 1121 | 45.51 | 57.63 | 45.09 |
| 怀化市 | 604 | 310.3 | 10.0 | 868 | 21.59 | 68.41 | 49.44 |
| 娄底市 | 540 | 359.2 | 8.3 | 1825 | 42.09 | 113.98 | 81.42 |
| 湘西州 | 269 | 71.7 | -5.0 | 182.80 | 7.35 | 10.94 | 4.82 |

表 5-2 高新技术产业发展情况按地区分组 ( 2023 年 )

计量单位：亿元

| 地区 | 2019 年 | 2020 年 | 2021 年 | 2022 年 | 2023 年 |
|---|---|---|---|---|---|
| 全省 | 9472.9 | 9800.3 | 10994.6 | 11897.3 | 11414.5 |
| 按地区分组 | | | | | |
| 长沙市 | 3624.0 | 3509.1 | 3820.6 | 4130.3 | 4329.9 |
| 株洲市 | 810.6 | 873.9 | 1016.1 | 1043.3 | 914.6 |
| 湘潭市 | 853.1 | 846.2 | 977.2 | 1091.0 | 817.3 |
| 衡阳市 | 551.0 | 591.8 | 644.2 | 710.4 | 716.7 |
| 邵阳市 | 420.3 | 446.9 | 524.8 | 612.8 | 625.8 |
| 岳阳市 | 857.6 | 945.8 | 1137.8 | 1234.3 | 1164.7 |
| 常德市 | 408.4 | 479.4 | 514.2 | 552.6 | 518.4 |
| 张家界市 | 21.5 | 23.1 | 27.9 | 26.6 | 32.9 |
| 益阳市 | 395.7 | 429.1 | 511.5 | 548.9 | 512.3 |
| 郴州市 | 576.0 | 605.8 | 657.4 | 695.0 | 756.8 |
| 永州市 | 367.0 | 369.4 | 362.6 | 419.9 | 416.0 |
| 怀化市 | 270.0 | 284.0 | 335.1 | 342.6 | 310.3 |
| 娄底市 | 279.2 | 347.1 | 400.6 | 418.3 | 359.2 |
| 湘西州 | 38.4 | 48.7 | 64.5 | 71.5 | 71.7 |

### 表 5-3 高新技术产业增加值增速按地区分组（2019—2023 年）

计量单位：%

| 地区 | 2019 年 | 2020 年 | 2021 年 | 2022 年 | 2023 年 |
|---|---|---|---|---|---|
| 全省 | 14.3 | 10.1 | 19.0 | 12.7 | 8.9 |
| 按地区分组 | | | | | |
| 长沙市 | 11.7 | 10.5 | 15.3 | 11.0 | 8.3 |
| 株洲市 | 18.0 | 13.8 | 22.1 | 13.5 | 6.4 |
| 湘潭市 | 14.6 | 10.6 | 20.0 | 12.9 | 11.5 |
| 衡阳市 | 18.0 | 5.0 | 14.3 | 13.5 | 5.5 |
| 邵阳市 | 18.9 | 11.3 | 22.9 | 14.2 | 14.0 |
| 岳阳市 | 16.6 | 9.6 | 23.9 | 16.8 | 8.6 |
| 常德市 | 15.3 | 13.6 | 16.0 | 11.0 | 4.4 |
| 张家界市 | 20.5 | -1.5 | 9.7 | 8.4 | 1.0 |
| 益阳市 | 13.2 | 7.9 | 20.0 | 10.7 | 13.6 |
| 郴州市 | 14.7 | 9.6 | 31.1 | 15.0 | 15.8 |
| 永州市 | 18.7 | 9.6 | 15.5 | 16.7 | 7.1 |
| 怀化市 | 16.3 | 5.7 | 19.5 | 13.8 | 10.0 |
| 娄底市 | 11.1 | 9.5 | 23.6 | 8.9 | 8.3 |
| 湘西州 | 1.1 | 3.0 | 18.1 | 6.3 | -5.0 |

### 表 5-4 高新技术产业增加值占 GDP 比重按地区分组（2019—2023 年）

计量单位：%

| 地区 | 2019 年 | 2020 年 | 2021 年 | 2022 年 | 2023 年 |
|---|---|---|---|---|---|
| 全省 | 23.75 | 23.59 | 23.87 | 24.44 | 22.53 |
| 按地区分组 | | | | | |
| 长沙市 | 31.31 | 28.90 | 28.79 | 29.57 | 29.82 |
| 株洲市 | 26.99 | 28.14 | 29.71 | 28.85 | 24.80 |
| 湘潭市 | 37.79 | 36.11 | 38.35 | 40.44 | 29.31 |
| 衡阳市 | 16.34 | 16.87 | 16.77 | 17.37 | 16.86 |
| 邵阳市 | 19.52 | 19.86 | 21.32 | 23.58 | 22.50 |
| 岳阳市 | 22.69 | 23.64 | 25.84 | 26.20 | 23.72 |
| 常德市 | 11.27 | 12.79 | 12.68 | 12.93 | 11.79 |
| 张家界市 | 3.90 | 4.15 | 4.81 | 4.50 | 5.27 |
| 益阳市 | 22.08 | 23.15 | 25.33 | 26.04 | 23.68 |
| 郴州市 | 23.89 | 24.20 | 23.73 | 23.32 | 24.09 |
| 永州市 | 18.20 | 17.53 | 16.04 | 17.42 | 16.32 |
| 怀化市 | 16.70 | 16.99 | 18.44 | 18.24 | 15.69 |
| 娄底市 | 17.02 | 20.66 | 21.94 | 21.68 | 17.78 |
| 湘西州 | 5.44 | 6.71 | 8.15 | 8.75 | 8.38 |

表5-5　高新技术企业当年认定数按地区分组（2019—2023年）

计量单位：个

| 地区 | 2019年 | 2020年 | 2021年 | 2022年 | 2023年 |
|---|---|---|---|---|---|
| 全省 | 2494 | 3935 | 4649 | 5453 | 6432 |
| 按地区分组 | | | | | |
| 长沙市 | 1202 | 1842 | 2191 | 2631 | 3052 |
| 株洲市 | 217 | 326 | 364 | 413 | 482 |
| 湘潭市 | 176 | 211 | 258 | 301 | 267 |
| 衡阳市 | 111 | 222 | 301 | 344 | 440 |
| 邵阳市 | 68 | 185 | 200 | 189 | 267 |
| 岳阳市 | 138 | 212 | 266 | 288 | 360 |
| 常德市 | 112 | 149 | 218 | 248 | 262 |
| 张家界市 | 20 | 37 | 39 | 47 | 76 |
| 益阳市 | 101 | 147 | 174 | 245 | 266 |
| 郴州市 | 72 | 132 | 165 | 198 | 256 |
| 永州市 | 70 | 141 | 167 | 189 | 222 |
| 怀化市 | 113 | 164 | 135 | 161 | 226 |
| 娄底市 | 59 | 114 | 115 | 133 | 176 |
| 湘西州 | 35 | 53 | 56 | 66 | 80 |

表5-6　高新技术企业数按地区分组（2019—2023年）

计量单位：个

| 地区 | 2019年 | 2020年 | 2021年 | 2022年 | 2023年 |
|---|---|---|---|---|---|
| 全省 | 6287 | 8631 | 11063 | 14022 | 16495 |
| 按地区分组 | | | | | |
| 长沙市 | 3099 | 4151 | 5230 | 6656 | 7853 |
| 株洲市 | 549 | 726 | 905 | 1102 | 1260 |
| 湘潭市 | 396 | 519 | 642 | 769 | 825 |
| 衡阳市 | 271 | 415 | 633 | 867 | 1082 |
| 邵阳市 | 163 | 309 | 452 | 573 | 656 |
| 岳阳市 | 357 | 466 | 618 | 767 | 912 |
| 常德市 | 280 | 365 | 480 | 615 | 723 |
| 张家界市 | 55 | 77 | 96 | 123 | 162 |
| 益阳市 | 227 | 311 | 422 | 566 | 682 |
| 郴州市 | 211 | 281 | 369 | 495 | 619 |
| 永州市 | 172 | 283 | 376 | 495 | 576 |
| 怀化市 | 252 | 368 | 412 | 460 | 522 |
| 娄底市 | 165 | 236 | 285 | 360 | 423 |
| 湘西州 | 90 | 124 | 143 | 174 | 200 |

# 第六部分　科技成果产出

### 表 6-1 专利情况（2019—2023 年）

| 指标名称 | 计量单位 | 2019 年 | 2020 年 | 2021 年 | 2022 年 | 2023 年 |
|---|---|---|---|---|---|---|
| 专利授权数 | 件 | 54685 | 78723 | 98936 | 92916 | 74970 |
| 发明专利授权数 | 件 | 8479 | 11537 | 16564 | 20423 | 20133 |
| 有效发明拥有数 | 件 | 46736 | 56285 | 70114 | 87133 | 105327 |
| 万人有效发明专利拥有数 | 件/万人 | 6.77 | 8.14 | 10.55 | 13.16 | 15.95 |
| PCT 数量 | 件 | 480 | 624 | 849 | 648 | 573 |

### 表 6-2 专利授权数按地区分组（2019—2023 年）

计量单位：件

| 地区 | 2019 年 | 2020 年 | 2021 年 | 2022 年 | 2023 年 |
|---|---|---|---|---|---|
| 全省 | 54685 | 78723 | 98936 | 92916 | 74940 |
| **按地区分组** | | | | | |
| 长沙市 | 22504 | 33012 | 44574 | 45602 | 37900 |
| 株洲市 | 5282 | 7385 | 8213 | 8069 | 6178 |
| 湘潭市 | 2873 | 4205 | 5434 | 4958 | 4140 |
| 衡阳市 | 3833 | 4894 | 6420 | 5183 | 4312 |
| 邵阳市 | 3818 | 4383 | 5395 | 4445 | 3184 |
| 岳阳市 | 2463 | 4155 | 5098 | 4262 | 3704 |
| 常德市 | 2673 | 3891 | 4991 | 4501 | 2846 |
| 张家界市 | 444 | 723 | 656 | 523 | 361 |
| 益阳市 | 2720 | 3749 | 4047 | 3638 | 2598 |
| 郴州市 | 2016 | 3019 | 3545 | 3210 | 2875 |
| 永州市 | 1718 | 3062 | 3658 | 2810 | 2219 |
| 怀化市 | 1919 | 2839 | 2805 | 2300 | 1840 |
| 娄底市 | 1781 | 2571 | 2897 | 2507 | 2078 |
| 湘西州 | 630 | 820 | 1189 | 899 | 701 |

注：由于该指标有"其他"口径数值无法归集到各市州，存在总计与分项合计不等的情况。

### 表 6-3　发明专利授权数按地区分组（2019—2023 年）

计量单位：件

| 地区 | 2019 年 | 2020 年 | 2021 年 | 2022 年 | 2023 年 |
|---|---|---|---|---|---|
| 全省 | 8479 | 11537 | 16564 | 20423 | 20133 |
| 按地区分组 | | | | | |
| 长沙市 | 5226 | 7120 | 10094 | 12365 | 12960 |
| 株洲市 | 1230 | 1323 | 1633 | 2119 | 1573 |
| 湘潭市 | 575 | 816 | 956 | 1224 | 1237 |
| 衡阳市 | 292 | 394 | 852 | 781 | 893 |
| 邵阳市 | 76 | 183 | 350 | 416 | 393 |
| 岳阳市 | 170 | 244 | 352 | 519 | 564 |
| 常德市 | 273 | 551 | 754 | 916 | 562 |
| 张家界市 | 23 | 45 | 34 | 76 | 51 |
| 益阳市 | 158 | 240 | 454 | 537 | 523 |
| 郴州市 | 151 | 163 | 222 | 299 | 323 |
| 永州市 | 66 | 117 | 236 | 289 | 261 |
| 怀化市 | 108 | 151 | 338 | 420 | 402 |
| 娄底市 | 79 | 137 | 215 | 363 | 311 |
| 湘西州 | 50 | 53 | 73 | 99 | 80 |

注：由于该指标有"其他"口径数值无法归集到各市州，存在总计与分项合计不等的情况。

### 表 6-4　有效发明拥有数按地区分组（2019—2023 年）

计量单位：件

| 地区 | 2019 年 | 2020 年 | 2021 年 | 2022 年 | 2023 年 |
|---|---|---|---|---|---|
| 全省 | 46736 | 56285 | 70114 | 87133 | 105327 |
| 按地区分组 | | | | | |
| 长沙市 | 27662 | 33623 | 42619 | 53264 | 65254 |
| 株洲市 | 6066 | 7070 | 8544 | 10488 | 11925 |
| 湘潭市 | 3201 | 3853 | 4599 | 5468 | 6587 |
| 衡阳市 | 1623 | 1947 | 2519 | 3176 | 3929 |
| 邵阳市 | 439 | 619 | 847 | 1182 | 1519 |
| 岳阳市 | 1621 | 1912 | 2112 | 2415 | 2829 |
| 常德市 | 1605 | 2109 | 2664 | 3623 | 4212 |
| 张家界市 | 172 | 205 | 215 | 237 | 245 |
| 益阳市 | 1143 | 1308 | 1628 | 1955 | 2340 |
| 郴州市 | 1001 | 1120 | 1213 | 1379 | 1626 |
| 永州市 | 705 | 786 | 922 | 1052 | 1248 |
| 怀化市 | 568 | 688 | 991 | 1328 | 1732 |
| 娄底市 | 545 | 675 | 823 | 1103 | 1372 |
| 湘西州 | 381 | 368 | 414 | 457 | 501 |

注：由于该指标有"其他"口径数值无法归集到各市州，存在总计与分项合计不等的情况。

表 6-5　万人有效发明专利拥有数按地区分组（2019—2023 年）

计量单位：件/万人

| 地区 | 2019 年 | 2020 年 | 2021 年 | 2022 年 | 2023 年 |
|---|---|---|---|---|---|
| 全省 | 6.77 | 8.14 | 10.55 | 13.16 | 15.95 |
| 按地区分组 | | | | | |
| 长沙市 | 33.92 | 40.05 | 42.36 | 52.02 | 62.62 |
| 株洲市 | 15.09 | 17.55 | 21.89 | 27.01 | 30.81 |
| 湘潭市 | 11.17 | 13.37 | 16.87 | 20.18 | 24.37 |
| 衡阳市 | 2.24 | 2.67 | 3.79 | 4.80 | 5.97 |
| 邵阳市 | 0.60 | 0.85 | 1.29 | 1.83 | 2.37 |
| 岳阳市 | 2.80 | 3.31 | 4.18 | 4.79 | 5.64 |
| 常德市 | 2.75 | 3.65 | 5.05 | 6.92 | 8.08 |
| 张家界市 | 1.12 | 1.32 | 1.42 | 1.57 | 1.63 |
| 益阳市 | 2.59 | 2.96 | 4.23 | 5.11 | 6.17 |
| 郴州市 | 2.11 | 2.36 | 2.59 | 2.96 | 3.51 |
| 永州市 | 1.29 | 1.44 | 1.74 | 2.03 | 2.43 |
| 怀化市 | 1.14 | 1.38 | 2.16 | 2.91 | 3.83 |
| 娄底市 | 1.39 | 1.71 | 2.15 | 2.91 | 3.65 |
| 湘西州 | 1.44 | 1.39 | 1.67 | 1.85 | 2.04 |

表 6-6　技术市场成交合同数（2019—2023 年）

计量单位：项

| 指标名称 | 2019 年 | 2020 年 | 2021 年 | 2022 年 | 2023 年 |
|---|---|---|---|---|---|
| 总计 | 9023 | 11741 | 17721 | 45780 | 55295 |
| 技术开发合同 | 2177 | 2577 | 3494 | 4128 | 4985 |
| 技术转让合同 | 230 | 245 | 358 | 1103 | 715 |
| 技术服务合同 | 5831 | 8006 | 12394 | 37370 | 46207 |
| 技术咨询合同 | 785 | 913 | 1475 | 3093 | 2920 |
| 技术许可合同 | — | — | — | 86 | 468 |

### 表 6-7  技术市场技术输出地域（合同数）按地区分组（2019—2023 年）

计量单位：项

| 地区 | 2019 年 | 2020 年 | 2021 年 | 2022 年 | 2023 年 |
|---|---|---|---|---|---|
| 全省 | 9023 | 11741 | 17721 | 45780 | 55295 |
| 按地区分组 | | | | | |
| 长沙市 | 5225 | 7232 | 10696 | 22963 | 24690 |
| 株洲市 | 567 | 582 | 923 | 3333 | 4474 |
| 湘潭市 | 621 | 709 | 963 | 3132 | 3664 |
| 衡阳市 | 310 | 485 | 819 | 2758 | 2986 |
| 邵阳市 | 69 | 81 | 311 | 3132 | 1840 |
| 岳阳市 | 345 | 385 | 649 | 1690 | 2804 |
| 常德市 | 541 | 574 | 663 | 1777 | 3309 |
| 张家界市 | 52 | 72 | 82 | 172 | 902 |
| 益阳市 | 395 | 249 | 305 | 2567 | 2834 |
| 郴州市 | 177 | 180 | 320 | 604 | 2053 |
| 永州市 | 270 | 815 | 1113 | 1660 | 2095 |
| 怀化市 | 350 | 179 | 263 | 682 | 1410 |
| 娄底市 | 23 | 79 | 388 | 733 | 1765 |
| 湘西州 | 78 | 119 | 226 | 418 | 442 |

注：由于该指标有"其他"口径数值无法归集到各市州，存在总计与分项合计不等的情况。

### 表 6-8  技术市场成交额（2019—2023 年）

计量单位：亿元

| 指标名称 | 2019 年 | 2020 年 | 2021 年 | 2022 年 | 2023 年 |
|---|---|---|---|---|---|
| 总计 | 490.69 | 735.95 | 1261.26 | 2544.64 | 3995.29 |
| 技术交易额 | 191.71 | 276.93 | 416.60 | 749.15 | 728.05 |
| 技术开发合同 | 104.83 | 94.35 | 127.84 | 121.01 | 307.39 |
| 技术交易额 | 43.02 | 52.21 | 52.37 | 54.85 | 115.81 |
| 技术转让合同 | 10.39 | 10.72 | 8.23 | 31.22 | 11.71 |
| 技术交易额 | 9.93 | 9.90 | 7.86 | 22.70 | 10.88 |
| 技术服务合同 | 362.42 | 620.91 | 1111.96 | 2340.87 | 3634.20 |
| 技术交易额 | 130.75 | 207.42 | 345.77 | 636.76 | 584.17 |
| 技术咨询合同 | 13.06 | 9.97 | 13.23 | 48.44 | 36.66 |
| 技术交易额 | 8.01 | 7.41 | 10.60 | 32.50 | 13.86 |
| 技术许可合同 | — | — | — | 3.10 | 5.33 |
| 技术交易额 | — | — | — | 2.35 | 3.33 |

注：依据《中华人民共和国民法典》和科技部火炬中心《技术合同认定登记工作指引》，技术合同登记类型由四类调整为五类。

### 表 6-9  技术市场技术输出地域（合同金额）按地区分组（2019—2023 年）

计量单位：亿元

| 地区 | 2019 年 | 2020 年 | 2021 年 | 2022 年 | 2023 年 |
|---|---|---|---|---|---|
| 全省 | 490.69 | 735.95 | 1261.27 | 2544.64 | 3995.29 |
| **按地区分组** | | | | | |
| 长沙市 | 233.82 | 338.64 | 541.16 | 822.37 | 1203.85 |
| 株洲市 | 105.61 | 150.82 | 207.91 | 271.03 | 454.36 |
| 湘潭市 | 65.66 | 117.75 | 163.52 | 304.55 | 340.90 |
| 衡阳市 | 12.59 | 18.09 | 58.70 | 210.80 | 288.08 |
| 邵阳市 | 7.09 | 9.60 | 25.32 | 104.87 | 255.06 |
| 岳阳市 | 7.76 | 13.05 | 67.59 | 196.09 | 335.64 |
| 常德市 | 24.83 | 35.11 | 46.66 | 193.80 | 216.18 |
| 张家界市 | 1.82 | 3.90 | 5.73 | 13.71 | 37.53 |
| 益阳市 | 7.68 | 11.41 | 23.86 | 83.95 | 218.16 |
| 郴州市 | 8.57 | 12.17 | 36.34 | 51.77 | 232.04 |
| 永州市 | 4.28 | 9.04 | 32.05 | 92.07 | 136.58 |
| 怀化市 | 7.16 | 10.22 | 20.09 | 41.11 | 67.51 |
| 娄底市 | 2.80 | 4.66 | 25.62 | 85.00 | 168.79 |
| 湘西州 | 1.03 | 1.50 | 6.72 | 18.70 | 35.08 |

注：由于该指标有"其他"口径数值无法归集到各市州，存在总计与分项合计不等的情况。

### 表 6-10  科技成果情况（2019—2023 年）

计量单位：项

| 指标名称 | 2019 年 | 2020 年 | 2021 年 | 2022 年 | 2023 年 |
|---|---|---|---|---|---|
| **项目基本情况** | | | | | |
| 登记项目数 | 814 | 532 | 929 | 1086 | 911 |
| 基础理论成果 | 6 | 2 | 28 | 5 | 10 |
| 软科学成果 | 32 | 35 | 25 | 16 | 17 |
| 应用技术成果 | 776 | 495 | 876 | 1065 | 884 |
| 鉴定项目数 | 27 | 9 | 12 | 17 | 13 |
| 奖励项目数 | — | — | — | — | 293 |
| **项目计划管理情况** | | | | | |
| 国家计划项目 | 25 | 23 | 30 | 16 | 21 |
| 省部计划项目 | 87 | 92 | 121 | 81 | 125 |
| 计划外项目 | 702 | 417 | 778 | 989 | 765 |
| **应用成果水平** | | | | | |
| 国际首创或领先 | 11 | 11 | 13 | 10 | 32 |
| 国际先进 | 35 | 30 | 34 | 34 | 56 |
| 国内首创或领先 | 76 | 43 | 133 | 100 | 56 |
| 国内先进 | 33 | 11 | 152 | 74 | 23 |
| 其他 | 621 | 400 | 544 | 847 | 717 |

### 表 6-11　湖南省获国家级科技奖励情况（2019—2023 年）

计量单位：项

| 年份 | 国家科技进步奖 | | | | 国家技术发明奖 | | | 国家自然科学奖 | 国家奖总数 |
|---|---|---|---|---|---|---|---|---|---|
| | 特等 | 一等 | 二等 | 合计 | 一等 | 二等 | 合计 | | |
| 2019 | 1 | 3 | 19 | 23 | — | 5 | 5 | 3 二等 | 31 |
| 2020 | — | 1 | 12 | 13 | — | 1 | 1 | 1 二等 | 15 |
| 2021 | — | — | — | — | — | — | — | — | — |
| 2022 | — | — | — | — | — | — | — | — | — |
| 2023 | 1 | 1 | 11 | 13 | 1 | 3 | 4 | 2 二等 | 19 |
| 合计 | 2 | 5 | 42 | 49 | 1 | 9 | 10 | 6 | 65 |

### 表 6-12　湖南省获奖成果情况（2019—2023 年）

计量单位：项

| 年份 | 湖南省科技进步奖 | | | | | 湖南省技术发明奖 | | | | 湖南省自然科学奖 | | | | 奖励成果总数 |
|---|---|---|---|---|---|---|---|---|---|---|---|---|---|---|
| | 特等 | 一等 | 二等 | 三等 | 合计 | 一等 | 二等 | 三等 | 合计 | 一等 | 二等 | 三等 | 合计 | |
| 2019 | — | 16 | 67 | 97 | 180 | 7 | 10 | 9 | 26 | 7 | 31 | 36 | 74 | 280 |
| 2020 | — | 14 | 52 | 86 | 152 | 7 | 8 | 8 | 23 | 9 | 41 | 33 | 83 | 258 |
| 2021 | — | 15 | 58 | 93 | 166 | 6 | 10 | 9 | 25 | 9 | 38 | 48 | 95 | 286 |
| 2022 | — | — | — | — | — | — | — | — | — | — | — | — | — | — |
| 2023 | — | 14 | 78 | 88 | 180 | 7 | 10 | 5 | 22 | 9 | 37 | 52 | 98 | 300 |
| 合计 | — | 59 | 255 | 364 | 678 | 27 | 38 | 31 | 96 | 34 | 147 | 169 | 350 | 1124 |

**图书在版编目（CIP）数据**

湖南科技统计年鉴. 2024 / 湖南省科学技术厅，湖南省
统计局编. --长沙：中南大学出版社，2025.5. --ISBN 978-
7-5487-6284-3

Ⅰ. G322.764-66

中国国家版本馆 CIP 数据核字第 2025BZ6145 号

**湖南科技统计年鉴 2024**

湖南省科学技术厅
湖南省统计局 编

□ 出 版 人　林绵优
□ 责任编辑　刘锦伟
□ 责任印制　唐　曦
□ 出版发行　中南大学出版社
　　　　　　社址：长沙市麓山南路　　　　邮编：410083
　　　　　　发行科电话：0731-88876770　　传真：0731-88710482
□ 印　　装　湖南省众鑫印务有限公司

□ 开　　本　880 mm×1230 mm 1/16　□ 印张 12.25　□ 字数 372 千字
□ 版　　次　2025 年 5 月第 1 版　　　□ 印次 2025 年 5 月第 1 次印刷
□ 书　　号　ISBN 978-7-5487-6284-3
□ 定　　价　180.00 元